U0206114

配电网中性点 ZNy11–Dyn7 变压器型电压源接地方式及原理

刘红文　曾祥君　赵现平 ◎ 著

西南交通大学出版社
·成 都·

图书在版编目（CIP）数据

配电网中性点 ZNy11-Dyn7 变压器型电压源接地方式及
原理 / 刘红文，曾祥君，赵现平著. -- 成都 : 西南交
通大学出版社，2024. 6. -- ISBN 978-7-5643-9875-0

Ⅰ. TM72

中国国家版本馆 CIP 数据核字第 2024VP2243 号

Peidianwang Zhongxingdian ZNy11-Dyn7 Bianyaqixing Dianyayuan Jiedi Fangshi ji Yuanli

配电网中性点 ZNy11–Dyn7 变压器型电压源接地方式及原理

刘红文　　曾祥君　　赵现平 **著**

策 划 编 辑	李芳芳　余崇波
责 任 编 辑	张文越
封 面 设 计	GT 工作室
	西南交通大学出版社
出 版 发 行	（四川省成都市金牛区二环路北一段 111 号 西南交通大学创新大厦 21 楼）
发行部电话	028-87600564　028-87600533
邮 政 编 码	610031
网　　址	http://www.xnjdcbs.com
印　　刷	四川煤田地质制图印务有限责任公司
成 品 尺 寸	185 mm × 240 mm
印　　张	9.75
字　　数	189 千
版　　次	2024 年 6 月第 1 版
印　　次	2024 年 6 月第 1 次
书　　号	ISBN 978-7-5643-9875-0
定　　价	68.00 元

《配电网中性点 ZNy11-Dyn7 变压器型电压源接地方式及原理》

编 委 会

主要著者：刘红文　曾祥君　赵现平

其他著者：马　仪　喻　锟　钱国超　唐立军

　　　　　王　沾　柴晨超　卓　超　黄继盛

　　　　　陈　虓　张春丽　谢学刚　梁仕斌

　　　　　赵　波　杨金东　聂永杰　徐肖伟

　　　　　晏年平　刘　衍　万　华　龙国华

　　　　　梁　雷　严之荣　罗正娅　张锡然

　　　　　施春虎　欧阳剑　宁德思　计奇智

　　　　　焦宗寒　翟少磊　袁　明　毛　兴

　　　　　邓　杰　戚思雨　李端宇　丰　樊

　　　　　杨鹏辉　甘秋华　陈学伟　田桓吉

　　　　　杨万先　胡晓华　陈祖情

前言

随着国民经济的提高与工业发展的进步，人民对电力行业的要求越来越高，不仅用电量需求急剧增大，对配电网的安全运行与可靠性也有了更高要求，但配电网结构复杂、分支众多，且运行工况多变，易发生线路故障。据统计，单相接地故障占所有线路故障的 80%以上，若未能及时处理，易导致故障蔓延，造成大面积停电，严重影响电网的正常运行；甚至引发火灾，威胁生命安全与设备安全。为有效抑制故障，我国配电网主要采用中性点非有效接地方式，但对于间歇性故障电弧难以应对；而新兴中性点柔性接地技术及故障相转移技术也都存在自身局限，无法有效可靠消弧，实现故障电流全补偿。为提升配电网安全可靠运行能力，我国电网公司也高度重视中压配电网接地故障快速处置能力，大幅提高了运行规程对供电可靠性与人身设备安全要求。因此，研究新的中压配电网单相故障消弧技术对提高配电网供电可靠性与运行安全性意义重大。

为此，针对现有配电网单相接地故障消弧技术的不足，本书从电压消弧本质机理出发，提出了 ZNy11-Dyn7 电力变压器型电压源补偿原理以及配电网接地故障处置方案，研究了基于 ZNy11-Dyn7 电力变压器型的零序电压调控方法和故障相电压调节算法，分析了 ZNy11-Dyn7 电力变压器型电压源补偿时的故障相电压恢复特性，提出了通过调控零序电压放大故障特征量的选相选线方法，设计了 ZNy11-Dyn7 电力变压器型电压源补偿成套系统拓扑结构。最后，在长沙理工大学 10kV 真型配电网实验室对本书所提 ZNy11-Dyn7 电力变压器型电压源补偿方法及成套装置开展了单相接地故障灭弧性能测试验证与试运行。

装置性能测试与试运行结果表明，本书所提 ZNy11-Dyn7 电力变压器型电压源补偿成套装置能够实现各种复杂工况下故障电弧的有效可靠熄灭，从根本上阻止了电弧重燃，并可等效任意接地方式，可实现接地故障可靠保护，且具备较强的兼容性、可靠性，充分验证了 ZNy11-Dyn7 电力变压器型电压源接地故障处置技术的有效性及可行性，工程应用前景广阔。

由于编者知识水平有限，本书难免存在疏漏之处，敬请读者批评指正。

作　者
2024 年 2 月

目 录

第 1 章　绪　论

1.1　配电网接地故障消弧的意义

　　电能作为人类社会生产和日常生活必不可少的重要能源，是推动各行各业发展，促进社会文明进步的有力杠杆。配电网作为电力系统的末端，直接面向用户，承担着分配电能的重要作用。随着国民经济的提高与工业发展的进步，人民对电力行业的要求越来越高，不仅用电量需求急剧增大，更对配电网的安全运行与可靠性有了更高要求。但是配电网结构复杂、分支众多，且运行工况多变，易发生线路故障。据统计，单相接地故障占所有线路故障的 80% 以上。这类故障若得不到及时处理，易导致故障蔓延，甚至引发火灾，威胁人民与设备安全，造成大面积停电，严重影响电力系统的正常运行。例如 2018 年美国加州地区一线路发生单相接地故障引发火灾，导致 85 人丧命，5 万多人流离失所，经济损失惨重。

　　为了提高配电网的运行稳定性和供电可靠性，国内外配电网主要采用中性点非有效接地方式，即中性点不接地方式及经消弧线圈接地方式。在中性点不接地方式下，流过故障点的电流为配电网对地电容电流与泄漏电流之和，对于规模较小的配电网，故障电流较小，故障电弧尚可自行熄灭，而随着配电网规模的扩大，大量电缆线路取代架空线路，配电网对地电容电流与泄漏电流激增，故障电流增大，导致接地故障电弧难以自行熄灭。经消弧线圈接地方式很好地弥补了这一缺陷，故障电流中的容性电流被消弧线圈感应出的感性电流补偿，故障电流显著减小。但是，经消弧线圈接地方式只能补偿故障电流中的无功分量，无法实现有功与谐波分量的补偿，补偿后的故障残流仍处于较高水平，不能保证电弧的可靠熄灭。在传统无源消弧方法难以满足接地故障处理要求情况下，随着电力电子技术的不断发展，有源电压消弧方法取得了大量的研究成果，并已成功研制出装置。该方法能够通过电力电子逆变装置向配电网注入一零序电流，对中性点电压进行调控，强制故障相电压为零，实现故障残流的全补偿。

但是该方法存在装置设计复杂、成本较高等问题。

综上所述，现有配电网单相接地故障消弧技术仍存在值得改进的地方，难以有效抑制故障电弧或在工程上得以推广应用，因此，开展新的配电网单相接地故障消弧技术的研究对配电网的安全可靠运行具有重要的意义。

1.2 配电网接地故障消弧技术现状

在电力系统建成初期，为了降低运维成本，并且当时对单相接地故障电弧产生的危害了解甚少，故供电公司大部分采用中性点直接接地方式；近些年随着电网公司不断完善电力系统，经过多次故障分析发现配电网中性点直接接地若发生故障，故障电流较大，将造成瞬时电弧，瞬时电弧会与电网设备出现谐振现象，产生较大的过电压，设备易出现损害；虽然继电保护装置会直接切断故障线路，但配电网大部分接地故障为瞬时性接地故障，只需较短时间便会自行消失，此时将造成不必要的停电，影响用户用电，供电可靠性显著降低。而随着配电网规模的扩大，单相接地故障频发导致停电事故增多，中性点直接接地方式逐渐被供电可靠性较高的中性点不接地方式取代。由于中性点不接地，接地故障发生后不能形成零序回路，流过故障点的电流小，不会引起保护装置跳闸，同时电网线电压依然保持对称，不影响供电，对于瞬时性接地故障，其自行消除后配电网即可恢复正常运行，对于永久性接地故障，可继续运行 1 ~ 2 h，有充足的时间去寻找故障并切除。而后由于电网馈线长度不断增加，故障电流增大，导致接地点电弧难以自行熄灭，易引发火灾或产生过电压，电网可靠性显著下降，中性点接地方式又迎来了新的挑战。

为了解决该问题，科学家们提出了配电网经消弧线圈接地方式，中性点消弧线圈可以有效抑制故障电流，对设备的损害可以降到最低；这种接地方式下，接地电容电流能被消弧线圈感应出的感性电流所补偿，将故障残流抑制在一个较低水平，使接地电弧易于熄灭，保证了电网的运行可靠性，逐渐在全世界各国的配电网中得到了广泛应用。而美国考虑到中性点经消弧线圈接地方式下的接地故障保护难以实现，结合本国地广人稀的实际国情，更注重于电网的供电可靠性，因此以中性点直接接地与经小电阻接地方式为主，并与快速接地故障保护装置配合，以保证电网安全运行。日本在初期采用的是经消弧线圈接地方式，在第二次世界大战后由于工业发展受美国影响，改为小电阻接地方式，但近年来为了同时保证电网供电可靠性与运行稳定性，又逐渐广泛采用经消弧线圈接地方式。英国、法国以及意大利等部分欧洲国家根据国情和实际运行经验也在逐渐进行接地方式改造，慢慢向经消弧线圈接地方式转变。我国配电网采用的中性点接地方式主要为中性点不接地和中性点经消弧线圈接地，随着城市配电网规模的扩大，我国部分一线城市如广州、上海等地的配电网尝试了采用小电阻接地方式，但是效果不太理想。

结合各国配电网中性点接地方式的运行及改造经验，各种接地方式各有利弊。因此，有学者提出综合各种接地方式优势的新型柔性接地方式，根据配电网不同运行情况可进行不同中性点接地方式的自由切换，在故障时中性点柔性接地方式可实现对中性点接地阻抗的调节，并进行实时优化，实现故障点的可靠消弧。

根据调控的目标，现有配电网接地故障消弧方法可分为两种：电流消弧技术和电压消弧技术。电流消弧技术以故障电流为调控目标，通过补偿接地故障残流，促进故障消弧，电压消弧技术则通过装置生成与故障点电压反向电压，由此抑制弧光接地过电压，并且能消除接地故障电流所有分量，杜绝接地故障重燃。

电流消弧技术是通过装置生成能与故障点电流直接中和的电流，使故障点达不到重燃条件，有学者提出中性点接入改进的消弧线圈进行电流消弧，包括：磁控电抗器消弧线圈装置，调节气隙式消弧线圈，基于自动调匝式消弧线圈的消弧线圈系统，上述方法均对系统对地参数测量精度要求较高，测量精度将直接影响故障电流补偿效果，并且消弧线圈需要较大容量才能满足补偿需求；且消弧线圈对故障电流有功分量及谐波分量部分无能为力；有学者提出使用电力电子设备补偿接地故障电流，如华南理工大学陈忠仁提出的采用单相电压源逆变器取代主消弧线圈，能够做到全电流补偿，但逆变器受容量限制输出电压不足，可能会影响消弧效果，且会产生谐波影响消弧效果；瑞典 Swedish Neutral 公司利用故障前测量的配电网零序导纳计算补偿电流，将其设置为有源补偿装置的控制目标，输入配电网从而抑制故障电流，该装置能补偿包括有功分量在内的故障电流，但该成套装置造价十分昂贵，对配电网对地参数测量要求很高，国内推广受限；以上方法均对系统对地参数检测精度要求较高，若对地参数测量误差较大则会导致接地故障残流较大。

针对电流消弧法的不足，国内外专家学者提出了以故障相电压为调控目标的电压消弧法。如福州大学邱伟强课题组提出在三相级联 H 桥变流器的基础上，设计单一直流源级联 H 桥变流器，并针对该变流器，研究出一套基于准 PR 控制器的电压消弧方法，该方法在对地参数测量方面精度要求较低，但是该方法使用大量变流器，成本较高，且装置控制方法复杂，在接地阻值较低的情况下，容易受到线路阻抗与负荷电流的影响，影响该装置的稳定消弧；为解决电力电子设备成本过高，控制复杂影响消弧稳定性的问题，有学者提出无源消弧装置，使用经过设计的开关装置，故障发生后使故障相直接接地，但接地旁路冲击电流大，容易造成配电网设备损坏，若发生选相错误或开关误动作时会引起两相接地短路，发生停电的事故；有学者提出了有载调档变压器型的消弧方法，通过特制接地变压器实现故障相降压消弧，该方法无需电力电子器件，控制简单安全可靠，无需精确测量对地参数，不受线路阻抗与负荷电流的影响且成本较低，但系统故障时，变压器零序阻抗较高，可能导致外加电压损耗高，影响消弧效果。

因此，为着力解决现有配电网单相接地故障消弧方法存在的问题，本项目从接地故障熄弧本质机理出发，提出 ZNy11-Dyn7 电力变压器型电压源补偿原理，采用母线接入 ZNy11-Dyn7 电力变压器型电压源补偿成套装置的方式主动调控中性点电压为故障相电势反相电压，将故障相电压降至燃弧电压以下，实现故障电弧有效抑制，有效可靠熄灭电弧并实现故障电流全补偿。

第 2 章　ZNy11-Dyn7 电力变压器型电压源补偿原理

中压配电网单相接地故障频发，且故障危害大。为限制接地故障电流，配电网中性点一般采用非有效接地方式。但随着配电网的改造升级，电网规模和线路电缆化率越来越大，接地故障电流显著增大，现有故障消弧技术难以再有效抑制故障残流，实现消弧。为此，本章首先分析了中性点不同接地方式下配电网的单相接地故障特征；阐述了配电网单相接地故障熄弧本质机理；进一步提出了 ZNy11-Dyn7 电力变压器型电压源补偿的基本原理，为后续研究基于 ZNy11-Dyn7 电力变压器型电压源补偿的零序电压调控方法和故障相电压调节控制算法奠定了基础。

2.1　中性点不同接地方式下配电网单相接地故障特征

2.1.1　中性点不接地配电网单相接地故障特征

中性点不接地配电网等效运算电路图如图 2.1 所示。图中，$\dot{E}_A$、$\dot{E}_B$、$\dot{E}_C$ 分别为 A、B、C 三相的电源电压，$\dot{U}_A$、$\dot{U}_B$、$\dot{U}_C$ 分别为 A、B、C 三相的相电压，$\dot{U}_0$ 为系统的零序电压，假设电网三相对地参数对称，R_{0i} 为馈线 i 各相对地泄漏电阻，C_{0i} 为馈线 i 各相的对地等效电容，R_f 为过渡电阻。

由于线路对地泄漏电阻一般远大于线路对地容抗，因此忽略线路的对地泄漏电阻。假设馈线 1 的 A 相发生了单相接地故障，对中性点列节点电压方程可得：

$$(\dot{E}_A + \dot{U}_0)(j\omega C_{\Sigma A} + 1/R_f) + (\dot{E}_B + \dot{U}_0)j\omega C_{\Sigma B} + (\dot{E}_C + \dot{U}_0)j\omega C_{\Sigma C} = 0 \tag{2.1}$$

式中，$C_{\Sigma A}$、$C_{\Sigma B}$、$C_{\Sigma C}$ 分别为系统三相对地总电容，前文已假设配电网三相参数对称，故 $C_{\Sigma A} = C_{\Sigma B} = C_{\Sigma C}$。

正常情况下，三相电源电压对称，即

$$\dot{E}_A + \dot{E}_B + \dot{E}_C = 0 \tag{2.2}$$

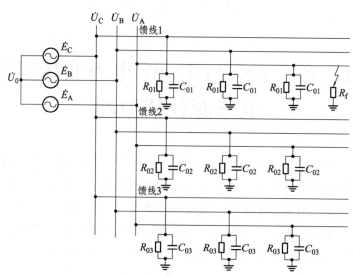

图 2.1　中性点不接地配电网等效运算电路图

由式（2.1）、式（2.2）可得系统的零序电压与故障相电压分别为

$$\dot{U}_0 = \frac{-\dot{E}_A}{\mathrm{j}\omega R_f C_\Sigma + 1} \tag{2.3}$$

$$\dot{U}_A = \dot{E}_A + \dot{U}_0 = \frac{\dot{E}_A \cdot \mathrm{j}\omega R_f C_\Sigma}{\mathrm{j}\omega R_f C_\Sigma + 1} \tag{2.4}$$

式中，$C_\Sigma = C_{\Sigma A} + C_{\Sigma B} + C_{\Sigma C}$ 为系统对地总电容。

系统零序电压与故障相电压之比为

$$\frac{\dot{U}_0}{\dot{U}_A} = -\frac{1}{\mathrm{j}\omega R_f C_\Sigma} \tag{2.5}$$

由式（2.5）可知，系统零序电压超前故障相电压 90°，发生金属性接地故障时，故障相电压为零，系统零序电压等于故障相电压的反电压。因此，随着过渡电阻增大，$\dot{U}_0$ 始端（零电位点）的轨迹是以 $\dot{E}_A$ 为直径，$\dot{E}_A$ 的终端为起点，始端为终点的位于 $\dot{E}_A$ 顺时针一侧的半圆，如图 2.2 所示。

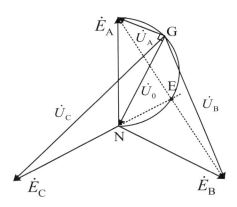

图 2.2　零电位点偏移轨迹图

根据图 2.2，无论 G 点处于轨迹上任何一点，即不论过渡电阻多大，E_A 一定减小，E_C 一定增大，而 E_B 可能增大，也可能减小。画 $\dot{E}_C$-N 的延长线与矢量线电压 $\dot{E}_{AB}$ 可知，两条线与轨迹半圆相交于点 E，在圆轨迹 NE 内，E_B 减小，且 E_A 大于 E_B，在另一段圆轨迹内，E_B 增大，且 E_B 大于 E_A。根据以上分析，可得出结论：

（1）无论过渡电阻多大，接地故障相的相电压幅值一定减小，故障相的超前相电压幅值一定增大，且故障相超前相电压幅值为最大值；

（2）金属性接地故障条件下，零电位点与故障相电源电压的终端重合，此时中性点电压上升至相电压，故障相电压为零，非故障相电压上升至线电压；

（3）过渡电阻较小时，故障滞后相电压增大，且大于故障相电压，过渡电阻较大时，故障滞后相电压减小，且小于故障相电压。

分析单相接地故障电流特征时一般采用对称分量法，结合图 2.1 可得不接地配电网零序电流分布图如图 2.3 所示。

图中 $\dot{U}_f$ 为故障前的故障点电压，$\dot{I}_{01}$、$\dot{I}_{02}$、$\dot{I}_{03}$ 分别为馈线 1、2、3 的零序电流，分析可得出如下结论：

（1）若忽略线路电阻和感抗，则中性点电压与零序电压相等；

（2）非故障馈线的零序电流为母线流向线路，而故障馈线的零序电流为线路流向母线，即故障馈线零序电流与非故障馈线零序电流反相；

（3）假设把母线指向馈线的方向当作电流正方向，则非故障馈线零序电流超前零序电压 $\pi/2$，故障馈线零序电流滞后零序电压 $\pi/2$；

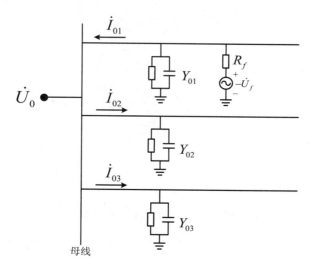

图 2.3　零序电流分布图

（4）故障馈线的零序电流幅值与非故障馈线零序电流之和相等，如果馈线数量大于两条，则故障线路的零序电流幅值为最大值；

（5）过渡电阻的大小不影响各馈线零序电流与零序电压的相位差值。

根据以上结论可得零序电压与各馈线零序电流相量图如图 2.4 所示。

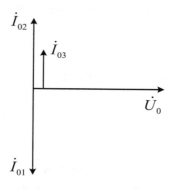

图 2.4　零序电压和各馈线零序电流相量图

2.1.2　经消弧线圈接地配电网单相接地故障特征

中性点经消弧线圈接地配电网在单相接地故障发生时，系统电容电流被消弧线圈感应出的电感电流补偿，因此其故障特征与不接地配电网有所不同。在中性点不接地配电网的基础上，增加一个接地变压器，消弧线圈通过接地与配电网相连，其等效运算电路图如图 2.5 所示。图中，L_m 为消弧线圈等效电感，其他参数同图 2.1。

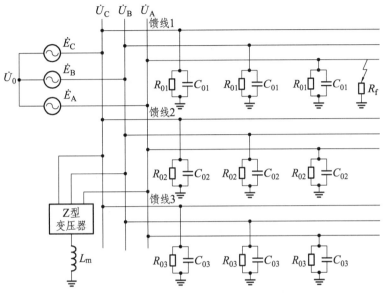

图 2.5　经消弧线圈接地配电网等效运算电路图

同样地，对中性点列节点电压方程可得：

$$(\dot{E}_A + \dot{U}_0)(\mathrm{j}\omega C_{\Sigma A} + 1/R_f) + (\dot{E}_B + \dot{U}_0)\mathrm{j}\omega C_{\Sigma B} + (\dot{E}_C + \dot{U}_0)\mathrm{j}\omega C_{\Sigma C} + U_0/\mathrm{j}\omega L_m = 0 \qquad (2.6)$$

由式（2.6）可得系统的零序电压与故障相电压分别为

$$\dot{U}_0 = \frac{-\dot{E}_A}{\mathrm{j}(\omega C_{\Sigma} - 1/\omega L_m)R_f + 1} \qquad (2.7)$$

$$\dot{U}_A = \dot{E}_A + \dot{U}_0 = \frac{\dot{E}_A \cdot \mathrm{j}(\omega C_{\Sigma} - 1/\omega L_m)R_f}{\mathrm{j}(\omega C_{\Sigma} - 1/\omega L_m)R_f + 1} \qquad (2.8)$$

系统零序电压与故障相电压之比为

$$\frac{\dot{U}_0}{\dot{U}_A} = -\frac{1}{\mathrm{j}(\omega C_{\Sigma} - 1/\omega L_m)R_f} \qquad (2.9)$$

对于欠补偿接地配电网，即 $\omega C_\Sigma - 1/\omega L_m > 0$，系统零序电压超前故障相电压 90°，与不接地配电网类似，零电位偏移轨迹图同图 2.2，电压特征的结论与不接地配电网一致。

对于过补偿接地配电网，即 $\omega C_\Sigma - 1/\omega L_m < 0$，系统零序电压滞后故障相电压 90°。因此，随着过渡电阻增大，$\dot{U}_0$ 始端（零电位点）的轨迹是以 $\dot{E}_A$ 为直径，$\dot{E}_A$ 的终端为起点，始端为终点的位于 $\dot{E}_A$ 逆时针一侧的半圆，如图 2.6 所示。

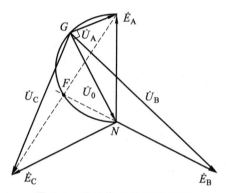

图 2.6　零电位点偏移轨迹图

根据图 2.6，无论 G 点处于轨迹上任何一点，即不论过渡电阻多大，E_A 一定减小，E_B 一定增大，而 E_C 可能增大，也可能减小，画 $\dot{E}_B$-N 的延长线与矢量线电压 $\dot{E}_{AC}$ 可知，两条线与轨迹半圆相交于点 F，在圆轨迹 NF 内，E_C 减小，且 E_A 大于 E_C，在另一段圆轨迹内，E_C 增大，且 E_C 大于 E_A，根据以上分析，可得出结论：

（1）无论过渡电阻多大，接地故障相的相电压幅值一定减小，故障相的滞后相电压幅值一定增大，且故障相滞后相电压幅值为最大值；

（2）金属性接地故障条件下，中性点电压上升至相电压，故障相电压为零，非故障相电压上升至线电压；该特征与中性点不接地配电网相同。

（3）过渡电阻较小时，故障超前相电压增大，且大于故障相电压，过渡电阻较大时，故障超前相电压减小，且小于故障相电压。

结合图 2.5 可得经消弧线圈接地配电网的零序电流分布图如图 2.7 所示。

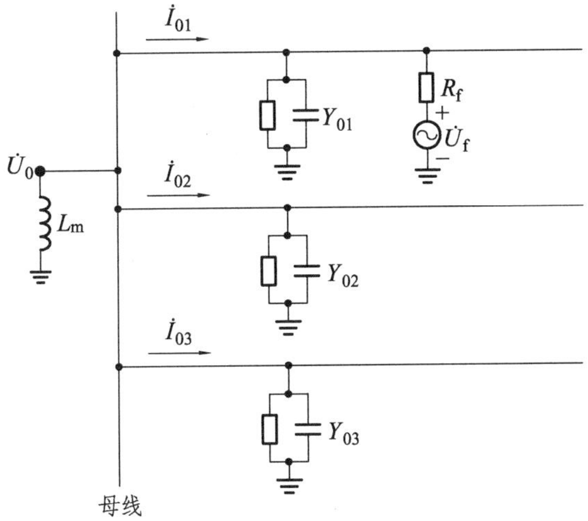

图 2.7　经消弧线圈配电网过补偿情况下的零序电流分布图

对图 2.7 进行分析，可得出如下结论：

（1）若忽略线路电阻和感抗，则中性点电压与零序电压相等；

（2）非故障馈线的零序电流都为母线流向线路，在欠补偿情况下，消弧线圈感应出的电流小于系统电容电流，故障馈线的零序电流为线路流向母线，在过补偿情况下，由于消弧线圈感应出的电流大于系统电容电流，故障馈线的零序电流也为线路流向母线，即故障馈线零序电流与非故障馈线零序电流同相；

（3）假设把母线指向馈线的方向当作电流正方向，欠补偿情况下非故障馈线超前零序电压 $\pi/2$，故障馈线之后零序电压 $\pi/2$，过补偿情况下所有馈线零序电流均超前零序电压 $\pi/2$；

（4）故障馈线的零序电流幅值为电感电流减去非故障馈线零序电流之和，因此，故障馈线的零序电流幅值不一定是最大值；

（5）过渡电阻的大小不影响各馈线零序电流与零序电压的相位差值。

根据以上结论可得消弧线圈接地系统零序电压与各馈线零序电流相量图如图 2.8（a）、2.9（a）所示，图中，i_L 为消弧线圈产生的零序电流。由于以上结论是忽略线路电阻和消弧线圈内阻的情况下得到的，而实际情况中这两个电阻都存在，使得零序电流中还存在一个有功分量，零序电压与零序电流之间的相位差不是严格的 $\pi/2$。由图 2.7 可知，故障馈线零序电流的有功分量幅值最大，且相位与非故障馈线相反，该特征就是基于有功分量选线方法的理论依据。由此可知，非故障馈线零序电流超前零序电压的相位略小于 $\pi/2$，而故障馈线零序电流超前零序电压大于 $\pi/2$，得到考虑有功分量的各馈线零序电流与零序电压相量图如图 2.8（b）、2.9（b）所示。

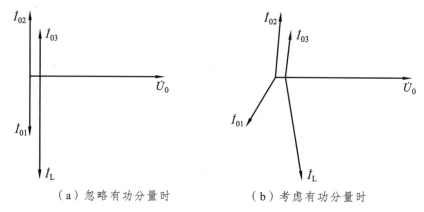

（a）忽略有功分量时　　　　　（b）考虑有功分量时

图 2.8　欠补偿情况下零序电压和各馈线零序电流相量图

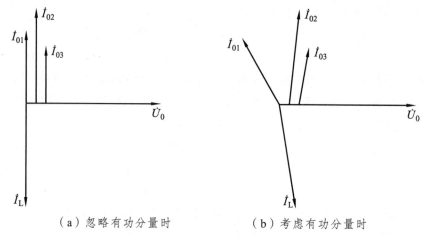

（a）忽略有功分量时　　　　　（b）考虑有功分量时

图 2.9　过补偿情况下零序电压和各馈线零序电流相量图

2.1.3　经小电阻接地配电网单相接地故障特征

中性点不接地及经消弧线圈接地系统单相接地故障电流较小，属于小电流接地系统，能够有效减小故障电流，但故障特征减弱，对故障检测和定位造成困难。因此，为保有大电流在故障检测上的优势，同时减小其对配电设备的危害，出现了中性点经小电阻接地方式,该方式可认为是介于中性点不接地和直接接地之间的一种接地方式，即系统中性点（一般是接地变压器中性点）经一个小电阻与大地连接，中性点经小电阻接地系统单相接地故障示意图如图 2.10 所示，其中，$\dot{I}_R$ 为中性点电阻电流。

该方式中性点接地电阻的大小应使流经变压器绕组的故障电流不超过每个绕组的额定值，电阻的选取应参照下列情况：

（1）以电缆为主的电网，单相接地故障时允许阻性接地电流较大；

（2）以架空线路为主的电网，单相接地故障时允许阻性接地电流较小；

（3）考虑电力系统远景规划中可能达到的对地电容电流；

（4）考虑对电信设备的干扰和影响以及继电保护、人身安全等因素。

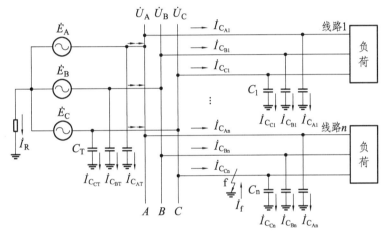

图 2.10　中性点经小电阻接地系统单相接地故障示意图

在中国，城市配网中性点电阻一般选择阻值小于 60 Ω 的电阻，从而控制发生金属性接地故障时故障点电流为 100~1 000A；部分沿海城市和特大型城市的中压电缆网络也采用了小电阻接地方式，其 10 kV 系统的接地电阻一般选在 30~70 Ω，金属性接地故障时故障点电流为 200~1 000A。

由于中性点电阻与系统对地电容构成并联回路，此时电阻不仅作为耗能元件，也是电容电荷释放元件和谐振的阻压元件，因此经小电阻接地方式对谐振过电压抑制和间歇性电弧过电压保护具有一定优越性。当系统发生单相接地故障时，非故障相电压可能达到正常值的 $\sqrt{3}$ 倍，但由于电力系统的绝缘水平依据雷电过电压制定，因此并不会对电气设备造成危害。而流过接地点的零序故障电流较大，可以轻易满足继电保护装置零序电流保护启动条件，从而快速切除故障线路。因此，小电阻接地方式具有快速准确选线、限制谐振过电压等优点。

虽然相比于直接接地系统，经小电阻接地系统的单相接地故障电流显著减少，但仍然对电力系统及其设备存在危害，因此小电阻接地方式一般应用于对电网自动化水平要求较高的领域，继电保护装置具有高灵敏度，可以快速跳闸，切断故障线路，但这会导致停电事故频繁，极大降低了系统供电可靠性。此外，由于系统高阻接地故障发生频繁，若过渡电阻超过 200 Ω，即使在小电阻接地系统中，其故障特征也非常微弱，无法达到保护装置动作条件，保护灵敏度低，对电力系统安全造成极大威胁。

2.2 单相接地故障熄弧机理

对于配电网发生单相接地故障后接地电弧的熄灭与重燃，当前的理论主要有高频振荡电流过零点熄弧理论、工频电流过零点熄弧理论以及介质强度恢复理论。

高频振荡电流过零点熄弧理论与工频电流过零点熄弧理论均把电弧作为金属性接地，将弧道电阻等效为零，而这与实际情况不符，存在一定的局限性。介质强度恢复理论认为在电弧电流过零后，弧隙变成介质，且弧隙上存在两个同时进行的过程：故障相电压恢复过程和介质强度恢复过程。故障相电压恢复过程中的峰值定义为熄弧峰压，只有保证熄弧峰压始终在介质恢复强度之下，单相接地电弧才能可靠熄灭。熄弧峰压与回路的电感值和故障点电流的陡度有关，对于给定的配电网，回路的电感值为常数，因此熄弧峰压只能通过改变故障点电流的陡度来改变。故障点电流的陡度只与接地故障电流大小有关，接地故障电流越小，故障点电流的陡度越小，熄弧峰压越低，越有利于电弧的熄灭。如图 2.11 所示，只要熄弧峰压 U_{pv} 小于弧道介质的恢复强度 U_{ds}，接地电弧就能顺利熄灭；反之，电弧会再次重燃，产生间歇性过电压，其幅值很高且作用时间长，对配电网危害较大，曾多次导致配电网系统事故发生。

而接地故障电流大小由故障点两端的电压决定，因此，为使电弧可靠熄灭，应尽量降低故障点电压。定义熄弧电压为使电弧熄灭的最大故障相电压，为了保证电弧不重燃，需将故障相电压调控至熄弧电压以下。对于不同的配电网以及不同过渡电阻的接地故障，熄弧电压也会不同，因此在实际情况中将故障相电压调控至越接近零越好。

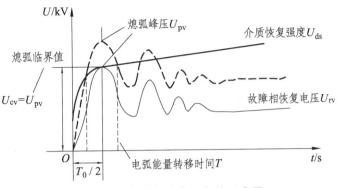

图 2.11　接地电弧熄灭条件示意图

介质强度恢复理论认为不管是高频振荡电流过零,还是工频电流过零后电弧熄灭,弧隙上的介质恢复强度必然会瞬间大于故障相恢复电压,肯定了电流过零熄弧理论的同时,在一定程度上对接地故障熄弧机理进行了完善。

2.3　ZNy11-Dyn7 电力变压器型电压源补偿原理

由于非有效接地中压电网具有天然优势,即电源、负荷均未引出中性点,零序阻抗大,中性点外加零序电压源产生的电流不能在电源和负荷侧流动,不影响电网正常运行,可以灵活调控中性点电压,且线电压不会发生改变,因此在变电站内通过 Dyn7 变压器可以引出任意与母线相电压相反相位的电压,将该电压并到 ZNy11 型接地变压器引出的中性点上,可以使任意相电压为 0,即可以在配电网发生单相接地故障时,主动将故障相电压变为 0,消除故障电弧。

图 2.12 为配电网为经 ZNy11-Dyn7 电力变压器型电压源补偿的拓扑结构图,$\dot{E}_A$、$\dot{E}_B$、$\dot{E}_C$ 分别为系统三相电源电势,C_{0x} 为系统对地电容,R_{0x} 分别为第 n 条线路对地电容和泄漏电阻,R_f 为故障接地电阻,T_1 为 ZNy11 变压器,T_2 为 Dyn7 变压器,匝数比为 $N_1:N_2$,Dyn7 型二次侧设有线电压投切开关 a_1、a_2、b_1、b_2、c_1、c_2,二次侧还设有调压分接头,可以改变 $N_1:N_2$ 的比值。

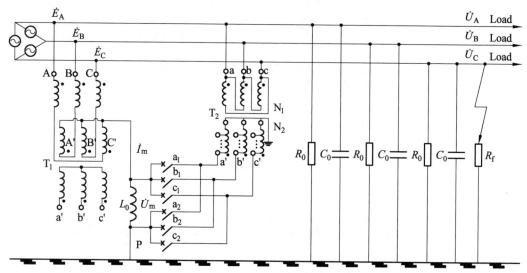

图 2.12　配电网 ZNy11-Dyn7 电力变压器型电压源补偿原理图

假设以 C 相电压为参考电压，当 C 相发生单相接地故障，可以得到图 2.13 所示的配电网零序等效电路图，其中 $Y_0 = \sum_{i=1}^{n} \frac{1}{R_{0i}} + \mathrm{j}\omega C_{0i}$，为配电网零序导纳，$\dot{U}_0$ 为零序电压，$\dot{U}_C$ 为故障相电压，$\dot{I}_f$ 为故障电流。

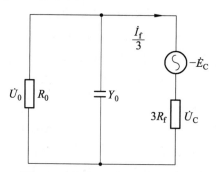

图 2.13　故障后零序等效电路图

根据故障零序等效电路，由基尔霍夫定律：

$$\begin{cases} \dot{U}_C = \dot{E}_C + \dot{U}_0 \\ \dot{U}_C = \dot{I}_f \cdot R_f \end{cases} \tag{2.10}$$

可得到故障相电压 $\dot{U}_C$：

$$\dot{U}_{\mathrm{C}} = \frac{\dot{E}_{\mathrm{C}} \cdot 3R_{\mathrm{f}}}{1/Y_0 + 3R_{\mathrm{f}}} \tag{2.11}$$

故障发生后，根据故障选相结果投入相应的线电压投切开关，可得到图 2.14 所示的零序等效电路图，$\dot{U}_{\mathrm{in}}$ 为 Dy 变压器二次侧输出的线电压，Z_{T10} 为接地变压器的零序阻抗，$\dot{U}'_C$ 为此时故障相电压。

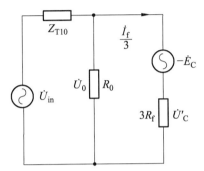

图 2.14　开关闭合后零序等效电路图

由节点电压法可得到：

$$\left(\frac{1}{Z_{\mathrm{T10}}} + Y_0 + \frac{1}{3R_{\mathrm{f}}}\right)\dot{U}_0 - \frac{1}{Z_{\mathrm{T10}}}\dot{U}_{\mathrm{in}} = \frac{-E_{\mathrm{C}}}{3R_{\mathrm{f}}} \tag{2.12}$$

$$\dot{U}'_{\mathrm{C}} = \dot{E}_{\mathrm{C}} + \dot{U}_0 \tag{2.13}$$

化简可得：

$$\dot{U}'_{\mathrm{C}} = \frac{\dot{U}_{\mathrm{in}}}{1 + Z_{\mathrm{T10}}\left(Y_0 + \dfrac{1}{3R_{\mathrm{f}}}\right)} + \frac{\dot{E}_{\mathrm{C}}}{1 + 1/\left(3R_{\mathrm{f}}Y_0 + \dfrac{3R_{\mathrm{f}}}{Z_{\mathrm{T10}}}\right)} \tag{2.14}$$

由式（2.14）可知，当配电网发生单相接地故障时，可以主动调节 U_{in} 的值，当故障点处电压降低至重燃电压以下时，电弧便不再重燃，即可靠完成消弧，有效实现接地故障电流补偿。

第 3 章　ZNy11-Dyn7 电力变压器型零序电压调控方法和故障相电压调节控制算法

　　针对第二章所提 ZNy11-Dyn7 电力变压器型电压源补偿原理，本章进一步提出了基于 ZNy11-Dyn7 电力变压器型电压源补偿的零序电压调控方法和故障相电压调节控制算法，分析了金属性接地故障下中性点电流与电压以及选相失败条件下故障点电流，并探究了电压开关闭合角与故障相电压关系，进一步深化完善了 ZNy11-Dyn7 电力变压器型电压源接地故障处置技术理论。

3.1　基于 ZNy11-Dyn7 电力变压器型电压源的零序电压调控方法

　　图 2.12 中 Dyn7 变压器绕组分为一次绕组和二次绕组，一次绕组采用三角形接线，可以确保线路发生单相接地故障时，不会影响线电压的值，二次绕组采用 y 型接线。因此，根据 Dyn7 变压器绕组之间的关系可以得到式（3.1）：

$$\begin{cases} \dot{E}_{a} = \dfrac{N_2}{N_1}\dot{E}_{AB} = \dfrac{\sqrt{3}N_2}{N_1}\dot{E}_{A}e^{j\frac{5}{6}} \\[2mm] \dot{E}_{b} = \dfrac{N_2}{N_1}\dot{E}_{BC} = \dfrac{\sqrt{3}N_2}{N_1}\dot{E}_{B}e^{j\frac{5}{6}} \\[2mm] \dot{E}_{c} = \dfrac{N_2}{N_1}\dot{E}_{CA} = \dfrac{\sqrt{3}N_2}{N_1}\dot{E}_{C}e^{j\frac{5}{6}} \end{cases} \tag{3.1}$$

　　其中，$\dot{E}_{AB}$、$\dot{E}_{BC}$、$\dot{E}_{CA}$ 为一次侧线电势，$\dot{E}_A$、$\dot{E}_B$、$\dot{E}_C$ 为一次侧相电势，$\dot{E}_{ab}$、$\dot{E}_{bc}$、$\dot{E}_{ca}$ 为二次侧线电势，$\dot{E}_a$、$\dot{E}_b$、$\dot{E}_c$ 为二次侧相电势。

　　当投切 Dyn7 二次侧不同线电压开关，此时输出线电压有：

$$
\begin{cases}
\dot{E}_{ab} = \dfrac{\sqrt{3}N_2}{N_1}\dot{E}_A e^{j\frac{5\pi}{6}} - \dfrac{\sqrt{3}N_2}{N_1}\dot{E}_B e^{j\frac{5\pi}{6}} = \dfrac{\sqrt{3}N_2}{N_1}\dot{E}_A e^{j\pi} \\[4mm]
\dot{E}_{bc} = \dfrac{\sqrt{3}N_2}{N_1}\dot{E}_B e^{j\frac{5\pi}{6}} - \dfrac{\sqrt{3}N_2}{N_1}\dot{E}_C e^{j\frac{5\pi}{6}} = \dfrac{\sqrt{3}N_2}{N_1}\dot{E}_B e^{j\pi} \\[4mm]
\dot{E}_{ca} = \dfrac{\sqrt{3}N_2}{N_1}\dot{E}_C e^{j\frac{5\pi}{6}} - \dfrac{\sqrt{3}N_2}{N_1}\dot{E}_A e^{j\frac{5\pi}{6}} = \dfrac{\sqrt{3}N_2}{N_1}\dot{E}_C e^{j\pi} \\[4mm]
\dot{E}_{ba} = \dfrac{\sqrt{3}N_2}{N_1}\dot{E}_B e^{j\frac{5\pi}{6}} - \dfrac{\sqrt{3}N_2}{N_1}\dot{E}_A e^{j\frac{5\pi}{6}} = \dfrac{\sqrt{3}N_2}{N_1}\dot{E}_A e^{j0} \\[4mm]
\dot{E}_{cb} = \dfrac{\sqrt{3}N_2}{N_1}\dot{E}_C e^{j\frac{5\pi}{6}} - \dfrac{\sqrt{3}N_2}{N_1}\dot{E}_B e^{j\frac{5\pi}{6}} = \dfrac{\sqrt{3}N_2}{N_1}\dot{E}_B e^{j0} \\[4mm]
\dot{E}_{ac} = \dfrac{\sqrt{3}N_2}{N_1}\dot{E}_A e^{j\frac{5\pi}{6}} - \dfrac{\sqrt{3}N_2}{N_1}\dot{E}_C e^{j\frac{5\pi}{6}} = \dfrac{\sqrt{3}N_2}{N_1}\dot{E}_C e^{j0}
\end{cases}
\tag{3.2}
$$

根据式（3.2），可以得出图 3.1 所示 Dyn7 变压器一二次侧电压向量图。

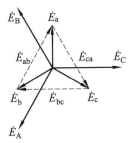

图 3.1　Dyn7 变压器一二次侧电压向量图

由图 3.1 可以得到，$\dot{E}_{ab}$ 与 $\dot{E}_A$ 相位相反，大小比值为 $\dfrac{\sqrt{3}N_2}{N_1}$；$\dot{E}_{bc}$ 与 $\dot{E}_B$ 相位相反，大小比值为 $\dfrac{\sqrt{3}N_2}{N_1}$；$\dot{E}_{ca}$ 与 $\dot{E}_C$ 相位相反，大小比值为 $\dfrac{\sqrt{3}N_2}{N_1}$，$\dot{E}_{ba}$ 与 $\dot{E}_A$ 相位相同，大小比值为 $\dfrac{\sqrt{3}N_2}{N_1}$；$\dot{E}_{cb}$ 与 $\dot{E}_B$ 相位相同，大小比值为 $\dfrac{\sqrt{3}N_2}{N_1}$；$\dot{E}_{ac}$ 与 $\dot{E}_C$ 相位相同，大小比值为 $\dfrac{\sqrt{3}N_2}{N_1}$，如表 3.1 所示。

表 3.1 Dyn7 型二次侧电压开关动作输出电压情况

投入开关	二次侧输入线电压	相位	大小
b1、a2	E_{ab}	与 $\dot{E}_A$ 相位相反	$\dfrac{\sqrt{3}N_2}{N_1}E_A$
c1、b2	E_{bc}	与 $\dot{E}_B$ 相位相反	$\dfrac{\sqrt{3}N_2}{N_1}E_B$
a1、c2	E_{ca}	与 $\dot{E}_C$ 相位相反	$\dfrac{\sqrt{3}N_2}{N_1}E_C$
b2、a1	E_{ba}	与 $\dot{E}_A$ 相位相同	$\dfrac{\sqrt{3}N_2}{N_1}E_A$
c2、b1	E_{cb}	与 $\dot{E}_B$ 相位相同	$\dfrac{\sqrt{3}N_2}{N_1}E_B$
a2、c1	E_{ac}	与 $\dot{E}_C$ 相位相同	$\dfrac{\sqrt{3}N_2}{N_1}E_C$

由表 3.1 可知，ZNy11-Dyn7 电力变压器型电压源通过改变 Dyn7 变压器二次侧投入开关，可灵活调节配电网中性点零序电压相位与系统各相电源电势同相或反相，其中改变 Dyn7 变压器一二次侧变比可改变中性点零序电压幅值调控大小，进而实现了零序电压的灵活调控。

3.2 基于 ZNy11-Dyn7 电力变压器型电压源的故障相电压调节控制算法

当配电网发生单相接地故障时，充分结合 ZNy11-Dyn7 电力变压器型电压源补偿原理以及 3.1 节中基于 ZNy11-Dyn7 电力变压器型的零序电压调控方法可知，通过控制 Dyn7 变压器二次侧线电压投切开关对零序电压进行调控，进而可调控故障相电压为 0，实现单相接地故障电流全补偿，如表 3.2 所示。

表 3.2　不同故障相 Dyn7 型二次侧电压开关动作情况

接地故障相	二次侧输入线电压	投入开关
A 相	E_{ab}	b1、a2
B 相	E_{bc}	c1、b2
C 相	E_{ca}	a1、c2

　　由表 3.2 可知，当配电网 A、B、C 相接地故障时，通过分别控制 Dyn7 变压器二次侧线电压投切开关 b1、a2，c1、b2，a1、c2 投入，可调控系统零序电压输出故障相反相电势，进而将故障相电压抑制至 0，实现故障电流全补偿，有效抑制故障电弧重燃。

　　针对图 2.12 所示的 10 kV 配电网，采用表 3.3 所示配电网仿真参数，将其带入（2.14）式，可得出故障相电压 $\dot{U}_{in}$ 与 Dyn7 变压器二次侧输出电压 $\dot{U}_{in}$ 和故障电阻 R_f 的关系，如图 3.2 和图 3.3 所示。

表 3.3　仿真线路参数

参数	取值
R_0/Ω	12 000
$C_0/\mu F$	8.5
Z_{T10}/Ω	35j

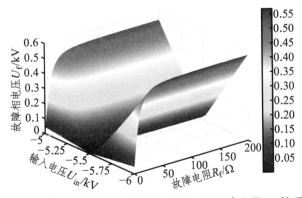

图 3.2　故障相电压 U_C 与输出电压 U_{in} 和故障电阻 R_f 关系图

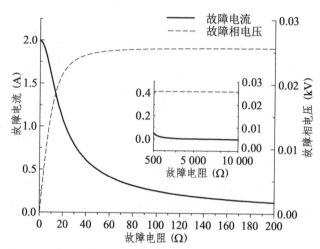

图 3.3　在输出电压 U_{in} = 5.5 kV 情况下，故障相电压 U_C、故障电流 I_f 与故障电阻 R_f 的关系

由图 3.2 可看出，当 Dyn7 变压器二次侧输出电压 U_{in} = −5.5 kV 时，故障相电压 U_f 有最小值，该值远远小于故障点重燃电压，即可靠完成消弧。由图 3.3 可看出当变压器输出电压 U_{in} = −5.5 kV 时，故障相电压 U_f、故障电流 I_f 与故障点电阻 R_f 的关系，在故障电阻 R_f 从 0 到 10 kΩ 变化过程中，故障相电压始终保持在较低的电压水平，可见该方法不受故障电阻的影响，实现了对接地故障相电压的有效抑制。

3.3　ZNy11-Dyn7 电力变压器型电压源金属性接地故障中性点电流与电压分析

因金属性接地故障在配电网中性点经小电阻接地方式下会引起很高的故障电流，易引发人身事故和设备损坏，故设定配电网系统中性点经小电阻（R = 10 Ω）接地的配电网接地方式，在发生金属性接地情况下（假设 C 相发生金属性接地故障），故障相（C 相）电压 $\dot{U}_C$ 变为 0，中性点电压 $\dot{U}_N$ 变为故障相的反电动势，即 $\dot{U}_0 = -\dot{E}_C$，非故障相电压 $\dot{U}_A = \dot{E}_A + \dot{U}_N = \dot{E}_A - \dot{E}_C = \sqrt{3}\dot{E}_A e^{-j30°}$，$\dot{U}_B = \dot{E}_B + \dot{U}_N = \dot{E}_B - \dot{E}_C = \sqrt{3}\dot{E}_B e^{j30°}$，中性点电流 $\dot{I}_0 = \dfrac{\dot{U}_N}{R} = \dfrac{-\dot{E}_C}{R}$，故障相位图如图 3.4 所示。

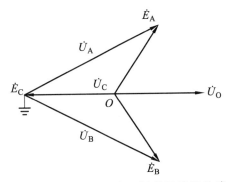

图 3.4　小电阻接地方式下金属性单相接地故障相位图

当 C 相发生金属性接地故障时，以 $\dot{E}_\mathrm{C}$ 为参考向量，得到 C 相发生金属性接地故障时的零序图如图 3.5 所示。

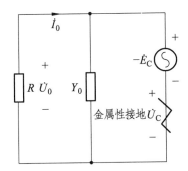

图 3.5　小电阻接地方式下金属性单相接地故障零序图

可以得到中性点电压 $\dot{U}_0 = -\dot{E}_\mathrm{C}$ 与中性点电流 $\dot{I}_0 = \dot{U}_0 / R = -\dot{E}_\mathrm{C} / R$。

但在实际情况下，10 kV 经小电阻（$R = 10\ \Omega$）接地配电网系统中，ZNy11 变压器有较小的零序阻抗（$Z_0 = 0.4\ \Omega$）会分压，当 C 相发生金属性接地故障时，以 C 相为参考向量，得到该仿真实际故障零序图所测中性点电压实际为小电阻（$R = 10\ \Omega$）两端的电压，代入数据可得中性点电压可表示为：

$$\dot{U}_0 = -E_\mathrm{C}\,\frac{R}{Z_0 + R} = 5.827\angle 0^\circ \mathrm{kV} \tag{3.3}$$

中性点电流可表示为：

$$\dot{I}_0 = \frac{\dot{U}_0}{Z_0 + R} = \frac{-\dot{E}_C}{Z_0 + R} = 0.582\ 7\angle 0°\text{kA} \tag{3.4}$$

当配电网系统故障发生后，投入双变压器型 ZNy11-Dyn7 电力变压器型电压源，使中性点电压强制保持为 $\dot{U}_0 = -\dot{E}_C$，故障点电流 $\dot{I}_f = 0$，使故障相电压强制为 0 且不随接地点电阻阻值变化，中性点电流为 0。但在实际情况中，接地变压器有较小的零序阻抗会分压，也存在漏阻抗，当 C 相发生金属性接地故障时，以 C 相为参考向量，在中性点施加 C 相反向电压，由于调节精度，会有幅值和相位的微小差距，金属性接地故障零序回路中只有变压器的零序阻抗 Z_{T0} 和注入变压器的漏阻抗 Z_δ，该阻抗也很小，导致中性点电流很难为零，反馈注入条件下金属性接地故障仿真零序回路图如图 3.6 所示。

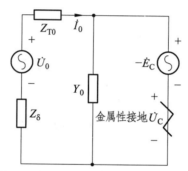

图 3.6　反馈注入条件下金属性接地故障仿真零序回路图

代入数据可得中性点实际电流为：

$$\dot{I}_0 = \frac{\dot{U}_0 + \dot{E}_C}{Z_0 + Z_\delta} = 0.039\angle -42.91°\text{kA} \tag{3.5}$$

由此可以看到，中性点经小电阻接地方式下，发生金属性接地故障，中性点电压变为故障相反向电压，该电压全部降落在小电阻上，产生较大的中性点电流，有利于选线与保护动作，但接地时，由于接地点的电流较大，当零序保护动作不及时或拒动时，将可能导致相间故障发生，故障范围进一步扩大。若零序继电保护装置动作，无论故障是永久性的还是非永久性的，均进行跳闸处理，这样将使线路的跳闸次数大大增加，使供电可靠性显著下降，严重影响了用户的正常供电。

若采用 ZNy11-Dyn7 电力变压器型电压源接地方式，该中性点电流远远小于中性点经小电阻接地情况下的中性点电流，这样虽不利于选线与保护动作，但是当系统发生永久性接地故障时，可以通过调节注入变压器的变比，增大中性点的电流，以利于选线与保护动作，切除故障线路，避免故障范围进一步扩大。除此之外，该方式对于瞬时性接地故障可以快速消除，不需要进行跳闸操作，有利于提高供电可靠性，不影响用户正常供电。

3.4　ZNy11-Dyn7 电力变压器型电压源选相失败条件下故障点电流分析

配电网发生接地故障后，一般情况下用故障相确定 ZNy11-Dyn7 电力变压器型电压源接地方式投入的电压开关。如在极端条件下发生选相错误的情况，假设故障相为 C 相，选相结果为 B 相。

此时 Dyn7 二次侧线电压 $\dot{U}_{ab}$ 反馈输入接地变压器，二次侧将呈现 b、c 相间带负载非全相运行状态。为方便讨论，ZNy11-Dyn7 变压器可以简化为可控电压源与系列漏抗相连。假设在 C 相发生单相接地故障，$\dot{U}_{qb} = \dfrac{\dot{U}_{ab}}{\sqrt{3}\angle 30°}$ 作为 ZNy11-Dyn7 电力变压器型电压源的输出电压，Z_{10} 为变压器零序漏抗，Z_{20} 为变压器零序漏抗。图 3.7（a）的整个系统可以被简化为如图 3.7（b）所示的零序电路图。

令 $\omega_0(Z_{10}+3Z_{20})=k$，$Z_\Sigma$ 表示整个配电网络的对地阻抗，公式如（3.6）式所示。

$$Z_\Sigma = \frac{1}{G_\Sigma} = \frac{1}{G_A + G_B + G_C} \tag{3.6}$$

在图 3.7（b）中，由基尔霍夫定律可得：

$$(Z_\Sigma + jk)\dot{I}_i - Z_\Sigma \dot{I}_0 = \dot{U}_{qb} \tag{3.7}$$

$$-Z_\Sigma \dot{I}_i + (Z_\Sigma + 3R_f)\dot{I}_0 = \dot{E}_C \tag{3.8}$$

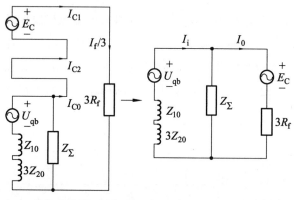

（a）系统零序电路图　　（b）简化后的零序电路图

图 3.7　零序电路图

由式（3.7）可得 $\dot{I}_i = \dfrac{\dot{U}_{qb} + Z_\Sigma \dot{I}_0}{Z_\Sigma + \mathrm{j}k}$。

带入（3.8）式求得：

$$\dot{I}_0 = \frac{\left(1 + \dfrac{\mathrm{j}k}{Z_\Sigma}\right)\dot{E}_C + \dot{U}_{qb}}{\mathrm{j}k + \left(3 + \dfrac{3\mathrm{j}k}{Z_\Sigma}\right)R_f} \tag{3.9}$$

在 10 kV 配电网系统中，设三相各线路对地电阻为 1 200 Ω，对地电容为 3.15 μF，R_f 按 0.1 Ω 计算，取变压器阻抗为 3.583 Ω。

相关参数带入式（3.9），计算得到 $\dot{I}_0 = \dfrac{\left(1 + \dfrac{\mathrm{j}k}{Z_\Sigma}\right)\dot{E}_C + \dot{U}_{qb}}{\mathrm{j}k + \left(3 + \dfrac{3\mathrm{j}k}{Z_\Sigma}\right)R_f} = 537.80\angle89.89°(\mathrm{A})$

而对于故障相转移消弧装置来说，假设故障相为 C 相，选相结果为 B 相，即使得系统中发生 B、C 相两相经阻抗短路接地，配电网为中性点不接地系统，复合序网如图 3.8 所示。

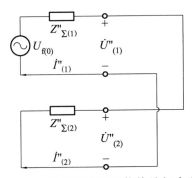

图 3.8　B、C 两相短路经阻抗接地复合序网图

故障点的边界条件为：

$$\begin{cases} \dot{U}''_{(1)} = \dot{U}''_{(2)} \\ \dot{I}''_{(1)} + \dot{I}''_{(2)} = 0 \\ \dot{I}''_{(0)} = 0 \end{cases} \tag{3.10}$$

由复合序网图可以得出：

$$\begin{cases} \dot{I}''_{(1)} = \dfrac{\dot{U}_{f(0)}}{Z''_{\Sigma(1)} + Z''_{\Sigma(2)}} \\ \dot{I}''_{(2)} = -\dot{I}''_{(1)} \end{cases} \tag{3.11}$$

此时各相的短路电流为：

$$\begin{cases} \dot{I}''_{A} = \dot{I}''_{(1)} + \dot{I}''_{(2)} + \dot{I}''_{(0)} = 0 \\ \dot{I}''_{B} = \alpha^2 \dot{I}''_{(1)} + \alpha \dot{I}''_{(2)} = (\alpha^2 - \alpha)\dfrac{\dot{U}_{f(0)}}{Z''_{\Sigma(1)} + Z''_{\Sigma(2)}} \\ \dot{I}''_{C} = \alpha \dot{I}''_{(1)} + \alpha^2 \dot{I}''_{(2)} = (\alpha - \alpha^2)\dfrac{\dot{U}_{f(0)}}{Z''_{\Sigma(1)} + Z''_{\Sigma(2)}} \end{cases} \tag{3.12}$$

此时，当接地故障过渡电阻为 0.1 Ω，转移相限流电阻为 0.1 Ω时，可求得

$$\dot{I}''_{B} = (\alpha^2 - \alpha)\frac{\dot{U}_{f(0)}}{Z''_{\Sigma(1)} + Z''_{\Sigma(2)}} = 45466(\mathrm{A})，\quad \dot{I}''_{C} = -\dot{I}''_{B} = -45466(\mathrm{A})。$$

同理，当接地故障过渡电阻为 0.1 Ω，转移相限流电阻为 1 Ω时，可求得

$$\dot{I}_B'' = (a^2 - a)\frac{\dot{U}_{f(0)}}{Z_{\Sigma(1)}'' + Z_{\Sigma(2)}''} = 8267(\text{A}) \,, \quad \dot{I}_C'' = -\dot{I}_B'' = -8267(\text{A}) \,。$$

当接地故障过渡电阻为 0.1 Ω，转移相限流电阻为 10 Ω时，可求得

$$\dot{I}_B'' = (a^2 - a)\frac{\dot{U}_{f(0)}}{Z_{\Sigma(1)}'' + Z_{\Sigma(2)}''} = 900(\text{A}) \,, \quad \dot{I}_C'' = -\dot{I}_B'' = -900(\text{A}) \,。$$

相比较而言,故障相转移消弧装置选相出现错误将对配电网造成较为严重的后果，过高的接地故障电流将造成配电网设备大面积损坏，危及人身安全，而 ZNy11-Dyn7 电力变压器型电压源接地方式下即使选相出现错误，故障电流也相对较小，有助于减轻发生人身伤亡和设备大面积损坏的风险。

3.5　ZNy11-Dyn7 电力变压器型二次侧电压开关最佳故障相降压闭合时间分析

假设在 t_0 时刻开关闭合，以 t_0 时刻为 0 参考时刻，此时 $e_\text{c} = E_\text{cm}\cos(\omega t + \alpha)$，$u_\text{in} = U_\text{inm}\cos(\omega t + \alpha)$，式中 $\alpha = \omega t_0$，为开关闭合初始故障相电势相位角，即开关闭合角。U_inm 为 Dyn7 变压器二次侧输出电压的幅值，E_cm 为故障相电势的幅值，此时中性点电压 $U_0 = U_{0\text{m}}\cos(\alpha - \mathit{\Delta})$。

$$U_{0\text{m}} = \frac{E_\text{cm}}{\left|1 + 3R_\text{f}(1/R_0 + \text{j}\omega C_0)\right|}$$

$$\mathit{\Delta} = \arctan\left(\frac{R_0 + 3R_\text{f}}{3\omega C_0 R_\text{f} R_\text{f}}\right)$$

对图 2.12 所示的配电网网络进行拉式变化，可以得到图 3.9 所示的运算电路图。图 3.9 中 U_0 为开关闭合时刻中性点电压，$U_\text{in}(\text{s})$ 为输出电压拉式变换后结果，$E_\text{C}(s)$ 为故障相电势拉式变换后结果。

$$U_\text{in}(s) = \frac{U_\text{inm}(s\cos\alpha - \omega\sin\alpha)}{s^2 + \omega^2} \tag{3.13}$$

$$E_C(s) = \frac{E_{cm}(s\cos\alpha - \omega\sin\alpha)}{s^2 + \omega^2} \tag{3.14}$$

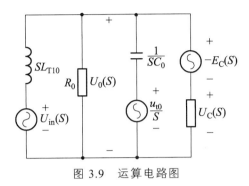

图 3.9　运算电路图

由 KVL 和节点电压法可知：

$$\left(\frac{1}{sL_{\text{T10}}}+C_0s+\frac{1}{R_0}+\frac{1}{3R_{\text{f}}}\right)U_0(s)=\frac{U_{\text{in}}(s)}{sL_{\text{TI0}}}+U_0C_0+\frac{-E_{\text{C}}(s)}{3R_{\text{f}}}\quad(3.15)$$

经过化简有：

$$U_0(s)=\frac{U_{\text{in}}(s)}{AsL_{\text{TI0}}}+\frac{U_0C_0}{A}-\frac{E_{\text{C}}(s)}{3R_{\text{f}}A}\quad(3.16)$$

其中，$A=\dfrac{1}{sL_{\text{T10}}}+C_0s+\dfrac{1}{R_0}+\dfrac{1}{3R_{\text{f}}}$。

$$U_C(s)=U_0(s)+E_C(s)\quad(3.17)$$

对 U_c（s）进行拉式反变换有：

$$
\begin{aligned}
U_C(t)=\frac{1}{B}\Big\{ & U_{\text{inm}}(K_1\cos(\omega t+\alpha)-K_2\sin(\omega t+\alpha))+\\
& E_{\text{cm}}(K_3\cos(\omega t+\alpha)-K_4\sin(\omega t+\alpha))+\\
& \frac{\text{e}^{-\delta t}}{C_0L_{\text{T}I0}R_0R_{\text{f}}}C\left(\cosh\beta t-\frac{\sinh\beta t}{\beta}\left(\frac{D}{C}+\delta\right)\right)\Big\}
\end{aligned}\quad(3.18)
$$

式中：

$$
\begin{aligned}
B=& {C_0}^2{L_{\text{T10}}}^2{R_0}^2{R_{\text{f}}}^2\omega^4-2C_0L_{\text{T10}}{R_0}^2{R_{\text{f}}}^2\omega^2+{L_{\text{T10}}}^2{R_0}^2\omega^2+\\
& 2{L_{\text{T10}}}^2R_0R_{\text{f}}\omega^2+{L_{\text{T10}}}^2{R_{\text{f}}}^2\omega^2+{R_0}^2{R_{\text{f}}}^2
\end{aligned}
$$

$$\delta = \frac{R_0 + R_{\mathrm{f}}}{2C_0 R_0 R_{\mathrm{f}}}$$

$$\beta = \frac{\sqrt{-4C_0 R_0{}^2 R_{\mathrm{f}}{}^2 + L_{\mathrm{T10}} R_0{}^2 + 2L_{\mathrm{T10}} R_0 R_{\mathrm{f}} + L_{\mathrm{T10}} R_{\mathrm{f}}{}^2}}{2C_0 \sqrt{L_{\mathrm{T10}}} R_0 R_{\mathrm{f}}}$$

$$K_1 = R_0{}^2 R_{\mathrm{f}}{}^2 - C_0 L_{\mathrm{T10}} R_0{}^2 R_{\mathrm{f}}{}^2 \omega^2$$

$$K_2 = -L_{\mathrm{T10}} R_0 R_{\mathrm{f}}{}^2 \omega - L_{\mathrm{T10}} R_0{}^2 R_{\mathrm{f}} \omega$$

$$K_3 = R_0{}^2 R_{\mathrm{f}}{}^2 + L_{\mathrm{T10}}{}^2 R_{\mathrm{f}}{}^2 \omega^2 + L_{\mathrm{T10}}{}^2 R_0 R_{\mathrm{f}} \omega^2 +$$
$$C_0{}^2 L_{\mathrm{T10}}{}^2 R_0{}^2 R_{\mathrm{f}}{}^2 \omega^4 - 2C_0 L_{\mathrm{T10}} R_0{}^2 R_{\mathrm{f}}{}^2 \omega^2$$

$$K_4 = C_0 L_{\mathrm{T10}}{}^2 R_0{}^2 R_f \omega^3 - L_{\mathrm{T10}} R_0{}^2 R_{\mathrm{f}} \omega$$

$$C = C_0 L_{\mathrm{T10}} R_0 R_{\mathrm{f}} (U_0 B - E_{\mathrm{cm}} ((K_3 - B)\cos\alpha + K_4 \sin\alpha) - U_{\mathrm{inm}} (K_1 \cos\alpha + K_2 \sin\alpha))$$

$$D = E_{\mathrm{cm}} L_{\mathrm{T10}} R_0 \left(K_1 \cos\alpha - K_2 \sin\alpha \right) -$$
$$U_{\mathrm{inm}} \frac{R_0 R_{\mathrm{f}}}{\omega} \left(K_2 \cos\alpha + \left(K_1 - B \right) sin\alpha \right)$$

进一步化简有：

$$U_{\mathrm{C}}(t) = \frac{1}{B} \{ K_{12} U_{\mathrm{in}} \cos(\omega t + \alpha - \varphi) + \tag{3.19}$$
$$K_{34} E\mathrm{c}\cos(\omega t + \alpha - \gamma) + K e^{-\delta t}\cos(\beta t - \eta) \}$$

式中：

$$K_{12} = \sqrt{K_1{}^2 + K_2{}^2} \qquad\qquad \varphi = \arctan \frac{K_2}{K_1}$$

$$K_{34} = \sqrt{K_3{}^2 + K_4{}^2} \qquad\qquad \gamma = \arctan \frac{K_4}{K_3}$$

$$K = \frac{\sqrt{\beta^2 C^2 + (D + \delta C)^2}}{C_0 L_{\mathrm{T1}} R_0 R_f \beta} \qquad\qquad \eta = \arctan \frac{D + C\delta}{C\beta}$$

由式（3.19）可知，开关闭合后故障相 C 相的电压由稳态分量和暂态分量构成，为使得故障相电压尽快降低到绝缘击穿电压以下，应使暂态分量尽可能地小，即 K 尽可能小。

令：

$$f(\alpha) = \beta^2 C^2 + (D + \delta C)^2 \qquad (3.20)$$

则有：

$$f'(\alpha) = 2\beta^2 CC' + 2(D + \delta C)(D' + \delta C') \qquad (3.21)$$

$$f''(\alpha) = 2\beta^2 \left(C'^2 - C^2 \right) + 2(D' + \delta C')^2 - 2(D + \delta C)^2 \qquad (3.22)$$

式中：

$$C' = -C_0 L_{T10} R_0 R_f (U_{inm}(K_1 \cos\alpha - K_2 \sin\alpha) -$$
$$E_{cm}((B - K_3)\cos\alpha + K_4 \sin\alpha) + BU_0 \sin(\alpha - \Delta))$$

$$D' = E_{cm} L_{T10} R_0 (K_1 \cos\alpha - K_2 \sin\alpha) - \frac{R_0 R_f U_{inm}(K_2 \cos\alpha - (B - K_1)\sin\alpha)}{\omega}$$

当 $f'(\alpha) = 0$，$f''(\alpha) > 0$ 时，$f(\alpha)$ 取得最小值；当 $f'(\alpha) = 0$，$f''(\alpha) < 0$ 时，$f(\alpha)$ 取得最大值，所以 $f(\alpha)$ 取得最小值时，K 值最小，初始暂态分量最小。

以表 3.2 中的配电网参数带入公式，分别得到在 100 Ω、200 Ω、500 Ω、1 000 Ω、5 000 Ω 过渡电阻接地故障时 α 与 K 的关系。

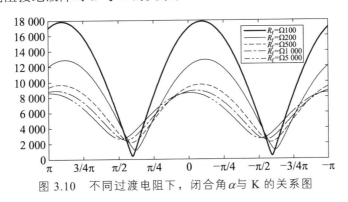

图 3.10　不同过渡电阻下，闭合角 α 与 K 的关系图

由图 3.10 可以看出在闭合角 K 与 α 呈现周期变化趋势，周期为 π；当过渡电阻大于 500 Ω 时，在闭合角 $\alpha = \pi/2 + n\pi$，n 为整数时，K 有最小值，即在注入电压过 0 时闭合，可以使得故障相电压最快衰减。

3.6 仿真分析

为验证 ZNy11-Dyn7 电力变压器型电源零序电压调控方法和故障相电压调节控制方法的有效性，在 PSCAD 仿真环境中搭建如图 2.12 所示的 10 kV 配电网单相接地故障模型，采用表 3.2 所示的数据。

在 C 相分别设置不同过渡电阻接地故障。0.15 s 时发生接地故障，根据接地故障相，0.30 s 投入相应的连接组别对应电压开关，仿真结果如图 3.11 ~ 图 3.13 所示。

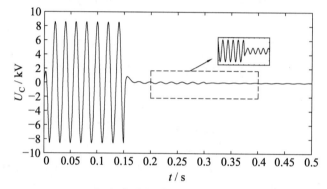

（a）故障相 C 相电压波形

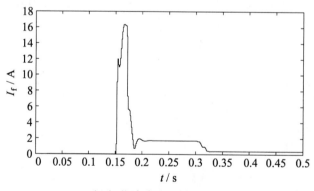

（b）故障点电流有效值

图 3.11　过渡电阻 50 Ω时电压、电流波形

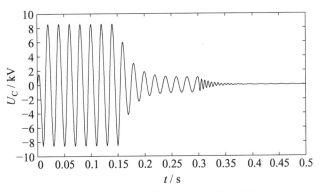

（a）故障相 C 相电压波形

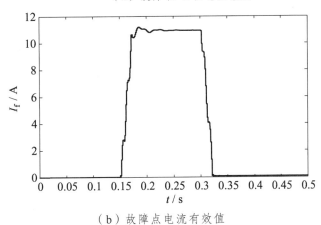

（b）故障点电流有效值

图 3.12　过渡电阻 500 Ω时电压、电流波形

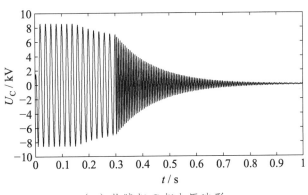

（a）故障相 C 相电压波形

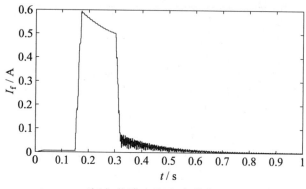

（b）故障点电流有效值

图 3.13　过渡电阻 10 kΩ 时电压、电流波形

由图 3.11 可知，当配电网在 0.15 s 发生低阻 50 Ω接地故障时，故障相电压迅速降低至 100 V。在 0.3 s 进行线电压馈入中性点主动降压消弧，调节故障相电压后，故障相电压降低至 20 V 以内，故障电流迅速减小，降低到 500 mA 以下，可有效防止电弧重燃。如图 3.12 所示当接地故障过渡电阻为中阻 500 Ω时，线电压馈入中性点可以在两个周波内将故障相电压快速抑制到重燃弧电压以下，故障点电流接近 0A。图 3.13 所示在发生高阻 10 kΩ单相接地故障时，由于系统的阻尼系数较大，故障相电压跌落不明显，在馈入中性点电压后，故障相电压在 0.5 s 内仍可以降低到较低水平，故障残流低于 50 mA，保证接地电弧可靠熄灭。

为进一步验证不同闭合角电压馈入下故障相电压效果，针对不同过渡电阻，设置 ZNy11-Dyn7 电力变压器型电压源在不同闭合角下馈入，得到故障相电压仿真波形如图 3.14 和图 3.15 所示。

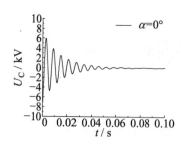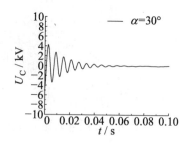

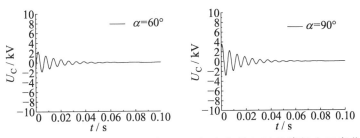

图 3.14　故障过渡电阻 300 Ω 时，不同闭合角馈入时故障相电压变化图

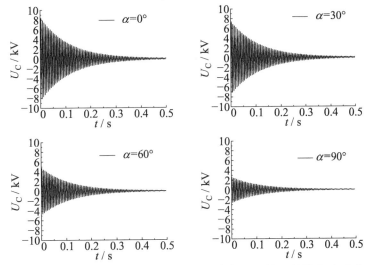

图 3.15　故障过渡电阻 5 000Ω 时，不同闭合角电压馈入故障相电压变化图

　　由图 3.14 可以得出，在故障过渡电阻为 300Ω 时，不同中性点电压馈入电压后，都可以衰减到接近 0 V，馈入时刻的中性点电压与故障相电压的初值有关，在 $\alpha = -\pi/2$ 时，故障相电压的初始幅值明显是较小的；由图 3.15 可以得出，在故障过渡电阻为 5 000 Ω 时，馈入电压后，衰减速度比 1 000 Ω 慢，但仍可以衰减到接近 0 V，在 $\alpha = -\pi/2$ 故障相电压的初始幅值是最小的，与理论推导符合。

　　为验证故障相电压暂态过程衰减与 α 的关系，在 0.15 s 发生 C 相 120 Ω、500 Ω、1 000 Ω、5 000 Ω 过渡电阻接地故障。

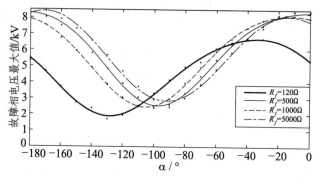

图 3.16　不同过渡电阻情况下，闭合角 α 与故障相电压最大值的关系

　　由图 3.16 可以看出，过渡电阻越大，馈入后故障相电压的最大值越大，过渡电阻越小，馈入后故障相电压的最大值越小；随着过渡电阻的增大，闭合角越来越接近 −90°。

第 4 章　ZNy11-Dyn7 电力变压器型电压源补偿装置故障相恢复电压特性与单相接地故障保护方法

弧道间隙介质强度恢复速度与弧道两端电压恢复速度直接关系交流故障电弧能否重燃。为此，本章详细分析了电压消弧条件下故障相恢复电压特性，揭示了注入电流幅值与相位对故障相恢复电压的影响；提出了永久性接地故障判别方法，以实现接地故障性质准确辨识，减少故障停电率；并提出了 ZNy11-Dyn7 电力变压器型电压源零序电压调控的选相选线方法，利用中性点电压调控前后，不同系统相别、馈线上的零序电流的相角值特征，选取故障相及故障馈线，进而实现接地故障可靠保护。

4.1　主动降压消弧时故障相恢复电压特性

交流电弧能否重燃的关键在于弧道间隙介质强度恢复速度与弧道两端电压恢复速度的竞争，该竞争关系是一种动态且实时变化的关系，故障相被抑制到 0 V 只能保证恢复电压的最终稳态数值为 0，并不能保证恢复电压在整个时域周期内小于介质强度等值击穿电压，因此下文对电压消弧条件下故障相恢复电压特性进行了分析。

主动降压消弧时向系统注入零序电流，连接不同相线路的变流器在零序回路中是并联关系，在接地故障等值电路中变流器可用受控电流源代替，系统的接地故障等值电路如图 4.1 所示。

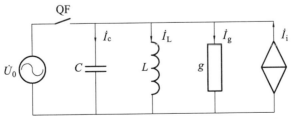

图 4.1　主动降压消弧时的配电网接地故障等值电路图

图 4.1 中，$\dot{I}_i$ 为变流器向系统注入的零序电流，$\dot{I}_i=\dot{I}_{i1}+\dot{I}_{i2}+\dot{I}_{i3}$，在接地故障等值回路中连接在不同相的变流器处于并联状态，因此可将其等效为一个电流源。

交流电弧自然过零点后，图中隔离开关 QF 断开。自然过零点瞬间，消弧线圈电感 L 及线路对地电容 C 具有初始能量，在受控电流源激励下开关 QF 右侧电路产生全响应。此时，故障点对地电压由强迫电压与全响应产生的暂态电压组成。当 QF 断开后，开关右侧电路可表示为（为与变流器输出电流为 0 时的微分方程区别，微分方程中电感电流用 i_{L2} 表征）：

$$LC\frac{\mathrm{d}^2 i_{L2}}{\mathrm{d}t^2} + gL\frac{\mathrm{d}i_{L2}}{\mathrm{d}t} + i_{L2} = i_i \tag{4.1}$$

得到通解为：

$$i_{L2}(t) = I_1\cos(\omega t + \varphi_1) + e^{-\delta t}(C_{21}\cos(\omega_0 t) + C_{22}\sin(\omega_0 t)) \tag{4.2}$$

由电感电压、电流的关系可得交流电弧自然过零后的振荡电压为：

$$\begin{aligned}
u_{L2}(t) &= L\frac{\mathrm{d}i_{L2}}{\mathrm{d}t} \\
&= -\omega L I_1\sin(\omega t + \varphi_1) + Le^{-\delta t}\cos(\omega_0 t)(-\delta C_{21} + \omega_0 C_{22}) \\
&\quad -Le^{-\delta t}\sin(\omega_0 t)(\delta C_{22} + \omega_0 C_{21})
\end{aligned} \tag{4.3}$$

因此，交流电弧自然过零点后故障点与大地之间的恢复电压为：

$$\begin{aligned}
u_{h2}(t) &= U_m\cos(\omega t + \varphi_u) - \omega L I_1\sin(\omega t + \varphi_1 + \varphi_u - \varphi_u) \\
&\quad + Le^{-\delta t}(-\delta C_{21} + \omega_0 C_{22})\cos(\omega t + \varphi_u - (\tfrac{1}{2}\omega v t + \varphi_u)) \\
&\quad - Le^{-\delta t}(\delta C_{22} + \omega_0 C_{21})\sin(\omega t + \varphi_u - (\tfrac{1}{2}\omega v t + \varphi_u)) \\
&= F(t)\cos(\omega t + \varphi_u + \varphi_F)
\end{aligned} \tag{4.4}$$

式中，$F(t)$、φ_F 具体表达式如式（4.5）所示。

$$
\begin{cases}
F(t) = \sqrt{F_x^2(t) + F_y^2(t)} \\[2mm]
F_x(t) = U_m - \omega L I_1 \sin(\varphi_1 - \varphi_u) + A\cos\left(\dfrac{\omega v}{2}t + \varphi_u\right) + B\sin\left(\dfrac{\omega v}{2}t + \varphi_u\right) \\[2mm]
F_y(t) = -\omega L I_1 \cos(\varphi_1 - \varphi_u) + A\sin\left(\dfrac{\omega v}{2}t + \varphi_u\right) - B\cos\left(\dfrac{\omega v}{2}t + \varphi_u\right) \\[2mm]
\varphi_F = \arccos \dfrac{F_x(t)}{\sqrt{F_x^2(t) + F_y^2(t)}} \\[2mm]
A = Le^{-\delta t}(-\delta C_{21} + \omega_0 C_{22}) \\[2mm]
B = Le^{-\delta t}(\delta C_{22} + \omega_0 C_{21})
\end{cases}
\tag{4.5}
$$

$F(t)$ 为电压消弧条件下配电网系统在交流电弧自然过零点后恢复电压的上包络线方程。

恢复电压、恢复电压波形包络线通解表达式中的参数 C_{21}、C_{22} 由自然过零点时刻前配电网的状态决定。考虑到在实际配电网系统中，基本为存在过渡电阻且受控源在自然过零点前注入电流的情况，重点对该情况下的 C_{21}、C_{22} 的求解进行详细的分析。

受控源电流注入时间在交流电弧自然过零点之前，此时可根据叠加定理计算得到换路前的电感电压，在交流电弧自然过零点前中性点电压可看作为两个激励源单独作用所产生的响应之和，第一个激励源为三相电源电压，该激励在消弧线圈所产生的电压响应为 $-U_m \cos(\omega t + \varphi_u)$；另一个激励源为电压消弧装置所产生的受控电流源 I_i，当配电网仅由受控电流源激励时，配电网等效电路如图 4.2 所示。

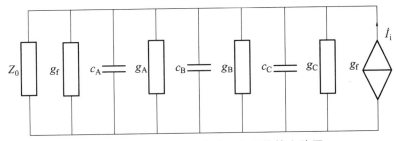

图 4.2 仅由受控源激励时配电网等效电路图

当过渡电阻不为 0 时，电路图中将不会有元件被短接，此时会在中性点至接地点产生一定压降，该压降为：

$$\begin{cases} u_0'\,(t) = I_i D\cos(\omega t + \varphi_i + \varphi_D) \\[2mm] D = \left| \dfrac{j\omega L R_f}{R_f(1-\omega^2 Lc) + j\omega L(1 + gR_f)} \right| \\[4mm] \varphi_D = \left\langle \dfrac{j\omega L R_f}{R_f(1-\omega^2 Lc) + j\omega L(1 + gR_f)} \right\rangle \end{cases} \tag{4.6}$$

单独由电源电压激励时，得到三相电源电动势激励时的戴维宁等效电路，如图 4.3 所示。

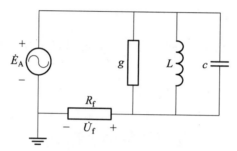

图 4.3　三相电源电动势激励时的配电网戴维宁等效电路

通过图 4.3 计算得到该情景下故障点对地电压为：

$$\dot{U}_f = \dot{E}_A \frac{R_f}{R_f + \dfrac{1}{\dfrac{1}{j\omega L} + g + j\omega c}} \tag{4.7}$$

由基尔霍夫电压定律可知，故障相电源电动势、中性点电压及故障点对地电压之间存在如式（4.8）所示的等量关系。

$$\begin{aligned} \dot{U}_0 &= \dot{U}_f - \dot{E}_A \\ &= -\dot{E}_A \frac{j\omega L}{R_f(1-\omega^2 Lc) + j\omega L(1 + gR_f)} \end{aligned} \tag{4.8}$$

由叠加定理可得，配电网消弧线圈的电压响应为受控电流源及电源电压单独激励时的响应之和，因此，换路前电感电压及电感电流为：

$$\begin{cases} u_{L2}(t) = I_i D \cos(\omega t + \varphi_i + \varphi_D) - U_{m1} \cos(\omega t + \varphi_u + \varphi_{u1}), t < 0 \\ i_{L2}(t) = \dfrac{1}{\omega L}\left[I_i D \sin(\omega t + \varphi_i + \varphi_D) - U_{m1} \sin(\omega t + \varphi_u + \varphi_{u1})\right], t < 0 \end{cases} \quad (4.9)$$

联立式（4.2）、（4.3）、（4.9）得：

$$\begin{cases} C_{21} = \dfrac{1}{\omega L}\left[I_i D \sin(\varphi_i + \varphi_D) - U_{m1} \sin(\varphi_u + \varphi_{u1})\right] - I_1 \cos\varphi_1 \\ C_{22} = \dfrac{1}{\omega_0}\left[\delta C_{21} + \omega I_1 \sin\varphi_1 + \dfrac{I_i D}{L}\cos(\varphi_i + \varphi_D) - \dfrac{U_{m1}}{L}\cos(\varphi_u + \varphi_{u1})\right] \end{cases} \quad (4.10)$$

将 C_{21}、C_{22} 表达式代入式（4.4）、式（4.5）中便可得到当变流器注入电流时故障点恢复电压及其包络线的表达式。

线路参数与图 2.12 中的参数一致，电压等级仍然为 10 kV，理想注入电流为 $\dot{I}_m$。当变流器注入电流 $\dot{I}_i = \dot{I}_m$ 时，交流电弧自然过零点后故障点对地恢复电压波形如图 4.4 所示。在电压消弧条件下，尽管故障点对地恢复电压仍然呈拍振，但其波动幅度非常小，其恢复电压峰值远小于配电网采用消弧线圈接地时恢复电压的峰值。

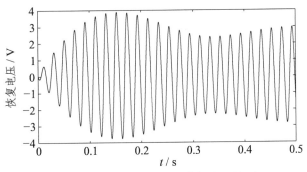

图 4.4　电压消弧条件下恢复电压波形

改变注入电流的幅值并保持初相角不变，其恢复电压波形与 $\dot{I}_i = \dot{I}_m$ 时恢复电压波形比较如图 4.5 所示。由图 4.5 可知，当电压消弧装置仅改变注入电流的幅值时，两恢复电压变化曲线仅幅值不同，其变化趋势、振荡周期、初始相角完全一致。

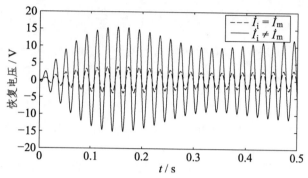

图 4.5　改变注入电流幅值后恢复电压波形对比图

改变变流器注入电流的初相角并保持幅值不变，其恢复电压波形与 $\dot{I}_i = \dot{I}_m$ 时恢复电压波形比较如图 4.6 所示。

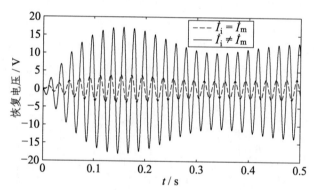

图 4.6　改变注入电流初相角后恢复电压波形对比图

由于配电网消弧线圈电感值与三相线路对地电容值并未发生变化，电路的自振角频率 ω_0 也不会发生改变，因此图 4.6 中两恢复电压的振荡周期一致。

令图 4.5 中与 $\dot{I}_m$ 幅值不同但初相角一致的电流为 $\dot{I}_{m1}$，图 4.6 中与 $\dot{I}_m$ 初相角不同但幅值一致的电流为 $\dot{I}_{m2}$。当变流器注入电流分别为 $\dot{I}_m$、$\dot{I}_{m1}$、$\dot{I}_{m2}$ 时，恢复电压上包络线如图 4.7 所示，当变流器注入电流分别为 $\dot{I}_m$、$\dot{I}_{m1}$、$\dot{I}_{m2}$ 时，恢复电压极坐标曲线如图 4.8 所示。

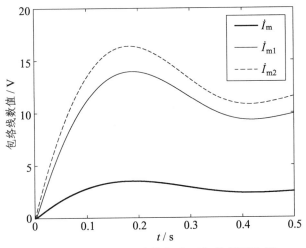

图 4.7　改变注入电流恢复电压包络线对比图

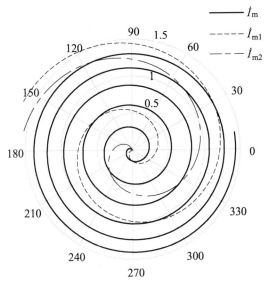

图 4.8　不同注入电流下恢复电压极坐标曲线图

由图 4.7 可知，当注入电流 $i_i \neq i_m$ 时，其恢复电压包络线数值在同样的时间下要高于注入电流 $i_i = i_m$ 时的包络线数值；由图 4.7 可知，当注入电流 $i_i \neq i_m$ 时，在相角相同的情况下，其恢复电压的幅值要远高于 $i_i = i_m$ 时的恢复电压幅值。表明当变流器注入的电流能完全补偿故障电流时消弧效果最佳，当注入电流的幅值或初相角发生改变时，会对恢复电压的抑制能力造成影响，会使得恢复电压恢复速度变大，降低消弧效果。

当注入电流可完全补偿故障电流时，可以将恢复电压抑制到较小的数值，因此可等效推导出当采用电压消弧方式时，当变流器注入电流使得故障相被抑制为 0 左右后可有效抑制恢复电压上升速度，对应在设计消弧方法控制策略时可以抑制故障相电压等于 0 为目标，仿真时也可以故障相电压的残压作为评价消弧效果的指标。

4.2 基于 ZNy11-Dyn7 电力变压器型电压源灵活调控的永久性故障判别方法

电力网络接地故障分为瞬时性和永久性接地故障，其中瞬时接地故障占比高于 80%。瞬时接地故障在断路器重合闸过程中即可实现故障电弧自行熄灭，无需切断故障线路；永久性接地故障无法通过重合闸恢复故障点绝缘，易在接地点产生弧光接地过电压，严重威胁设备乃至人身安全，须尽快辨识并切除故障线路。在如图 4.9 所示的配电网单相接地故障拓扑结构图中，发生接地故障后，通过 ZNy11-Dyn7 电力变压器型电压源调控零序电压可以降低故障相电压，当电压低于故障熄弧电压时故障电弧熄灭，为了进一步判断降压过程中线路接地故障是否消除，需提出一种线路永久性故障判别方法。

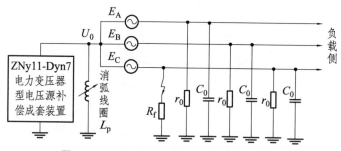

图 4.9　配电网单相接地故障拓扑结构图

由于发生接地故障后系统线电压始终不变，因此忽略线路损耗后零序电压调控前后线路负荷电流基本不变，则故障相 A 相线电流为：

$$\dot{I}_A = \dot{U}_A \left(\frac{1}{R_f} + \frac{1}{r_0} + j\omega C_0 \right) + \dot{I}_{LA} \tag{4.11}$$

零序电压调控后故障相电压发生变化，此时 A 相线电流将变为：

$$\dot{I}'_A = \dot{U}'_A \left(\frac{1}{R_f} + \frac{1}{r_0} + j\omega C_0 \right) + \dot{I}_{LA} \tag{4.12}$$

式（4.12）减式（4.11）可得：

$$\Delta \dot{I}_A = \Delta \dot{U}_A \left(\frac{1}{R_f} + \frac{1}{r_0} + j\omega C_0 \right) \tag{4.13}$$

式中，$\Delta \dot{I}_A = \dot{I}'_A - \dot{I}_A$，$\Delta \dot{U}_A = \dot{U}'_A - \dot{U}_A$。

式（4.13）可进一步整理：

$$\mathrm{Re}\left[\frac{\Delta \dot{I}_A}{\Delta \dot{U}_A} \right] = \frac{1}{R_f} + \frac{1}{r_0} \tag{4.14}$$

即线电流变化量与相电压变化量比值的实部等于过渡电阻的电导值加单相泄漏电导，若故障已消失，则零序电压调控过程中满足：$\mathrm{Re}\left[\dfrac{\Delta \dot{I}_A}{\Delta \dot{U}_A} \right] = \dfrac{1}{r_0}$，接地故障消除前后 $\mathrm{Re}\left[\dfrac{\Delta \dot{I}_A}{\Delta \dot{U}_A} \right]$ 将由 $\dfrac{1}{R_f} + \dfrac{1}{r_0}$ 变化为 $\dfrac{1}{r_0}$，此时故障消除，则装置退出。因此可通过 $\mathrm{Re}\left[\dfrac{\Delta \dot{I}_A}{\Delta \dot{U}_A} \right]$ 的变化判断故障是否消失，若 $\mathrm{Re}\left[\dfrac{\Delta \dot{I}_A}{\Delta \dot{U}_A} \right]$ 在零序电压调控过程中发生突变，则表明故障已消除。

4.3　基于 ZNy11-Dyn7 电力变压器型电压源灵活调控的选相与选线方法

4.3.1　选相原理及判据

含有 N 回出线的配电网接地故障拓扑结构图如图 4.10 所示，图中 $\dot{E}_A$、$\dot{E}_B$、$\dot{E}_C$ 分别为配电网系统 A、B、C 三相电源电压；$\dot{U}_A$、$\dot{U}_B$、$\dot{U}_C$ 分别为配电网系统 A、B、C

三相出口对地电压；$\dot{U}_0$ 代表配电网中性点对地零序电压。现假设配电网共有 N 条出线，其中故障馈线为 L_m，故障线路的各相对地电容分别为 $C_{0Am} = C_{0Bm} = C_{0Cm} = C_m$，各相对地电阻分别为 $r_{0Am} = r_{0Bm} = r_{0Cm} = r_m$；非故障馈线为 L_n，非故障线路的各相对地电容分别为 $C_{0An} = C_{0Bn} = C_{0Cn} = C_n$，各相对地电阻分别为 $r_{0An} = r_{0Bn} = r_{0Cn} = r_n$，线路 L_i 所对应的各相对地阻抗：$Z_{0i} = r_{0i} \ // \left[1/(j\omega C_{0i}) \right] = r_{0i}/(j\omega C_{0i} r_{0i} + 1)$；中性点消弧线圈电感值为 L_p。线路各相对地导纳分别为：$Y_{0Ai} = Y_{0Bi} = Y_{0Ci} = Y_{0i} = 1/r_{0i} + j\omega C_{0i}$。

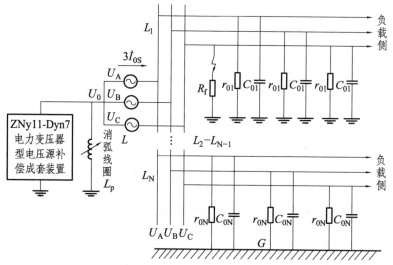

图 4.10 含 N 回出线的配电网接地故障选相拓扑结构图

当馈线 L_1 的 C 相，发生单相接地故障时，接地过渡电阻大小为 R_f，此时中性点位移电压为 $\dot{U}_{01}$。中性点消弧线圈导纳为：$Y_p = 1/(j\omega L_p)$，所有线路的各相对地参数导纳和分别为：$Y_{0A} = \sum_{i=1}^{N} Y_{0iA}$、$Y_{0B} = \sum_{i=1}^{N} Y_{0iB}$、$Y_{0C} = \sum_{i=1}^{N} Y_{0iC}$，且 $Y_{0\Sigma} = Y_{0A} + Y_{0B} + Y_{0C}$。

图 4.10 所示配电网，根据节点电压方程，接地故障时中性点零序电压求解方程如下：

$$\dot{U}_{01}(Y_P + Y_{0A} + Y_{0B} + Y_{0C} + 1/R_f) = -\dot{E}_A Y_{0A} - \dot{E}_B Y_{0B} - \dot{E}_C(Y_{0C} + 1/R_f) \tag{4.15}$$

可得中性点零序电压表达式：

$$\dot{U}_{01} = \frac{-\dot{E}_{A}Y_{0A} - \dot{E}_{B}Y_{0B} - \dot{E}_{C}(Y_{0C} + 1/R_{f})}{Y_{P} + Y_{0A} + Y_{0B} + Y_{0C} + 1/R_{f}} \tag{4.16}$$

化简得：

$$\dot{U}_{01} = \frac{-\dot{E}_{C} \cdot (1/R_{f})}{Y_{P} + Y_{0A} + Y_{0B} + Y_{0C} + 1/R_{f}} \tag{4.17}$$

此时配电网系统馈线的零序电流为：

$$3\dot{I}_{0S} = \dot{U}_{01}(Y_{0\Sigma} + \frac{1}{R_{f}}) + \frac{\dot{E}_{C}}{R_{f}} \tag{4.18}$$

式中：配电网系统馈线 L 零序电流向量 $3\dot{I}_{0S}$ 所对应的模值为 $3I_{0S}$，相角为 $\arg(3\dot{I}_{0S})$；配电网发生高阻接地故障时，此时中性点零序电压为 $\dot{U}_{01}$，其所对应的幅值为 U_{01}，相角为 $\arg(\dot{U}_{01})$。以下相关向量的幅值和相角也按此方式进行表示。

配电网高阻接地故障时，改变中性点零序电压幅值为故障时零序电压的 α 倍，零序电压相角为故障时反向相角后（投入到退出运行可在数个不等周波范围内完成），此时中性点零序电压为 $\dot{U}'_{01}$，其所对应的幅值为 U'_{01}，相角为 $\arg(\dot{U}'_{01})$。

零序电压调控完成后，配电网系统馈线 L 的零序电流为：

$$3\dot{I}'_{0S} = -\alpha \dot{U}_{01}\left(Y_{0\Sigma} + \frac{1}{R_{f}}\right) + \frac{\dot{E}_{C}}{R_{f}} \tag{4.19}$$

中性点零序电压调控后，此时配电网系统馈线的零序电流为 $3\dot{I}'_{0S}$。通过对系统馈线零序电流相角的有效分析，利用零序电压调控前后，配电网系统馈线零序电流的相角关系，可以有效完成配电网的故障选相，高阻接地故障的选相原理细节分析如下：

$$\alpha \cdot 3\dot{I}_{0S} = \alpha \cdot \dot{U}_{01}\left(\frac{1}{R_{f}} + Y_{0\Sigma}\right) + \frac{\alpha \cdot \dot{E}_{C}}{R_{f}} \tag{4.20}$$

根据式（4.19）与式（4.20）：

$$\alpha \cdot 3\dot{I}_{0S} + 3\dot{I}'_{0S} = \alpha \dot{U}_{01}\left(\frac{1}{R_{f}} + Y_{0\Sigma}\right) + \frac{\alpha \dot{E}_{C}}{R_{f}} - \alpha \dot{U}_{01}\left(Y_{0\Sigma} + \frac{1}{R_{f}}\right) + \frac{\dot{E}_{C}}{R_{f}} \tag{4.21}$$

化简后则有：

$$\alpha \cdot 3\dot{I}_{0S} + 3\dot{I}'_{0S} = \frac{(1+\alpha)\dot{E}_{C}}{R_{f}} \tag{4.22}$$

不同接地过渡电阻下，零序电压反向调控前后的电压向量图如图 4.11 所示：

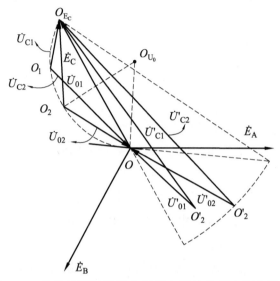

图 4.11　接地故障时零序电压反向调控前后电压向量图

图中以 O_{U0}、O_{Ec} 圆心的圆弧虚线分别为零序电压的变化轨迹以及线电压为半径的圆弧轨迹；图中 $\dot{U}_{01}$、$\dot{U}_{02}$ 为发生不同接地过渡电阻下的零序电压，图中 $\dot{U}'_{01}$、$\dot{U}'_{02}$ 则为对应的反向调控零序电压，调控后的零序电压位于灰色安全区域，确保各相对地电压不超过线电压。由图 4.11 可知，反向调控前后，故障相出口对地电压 $\dot{U}'_{C1}$ 相对于 $\dot{U}_{C1}$ 以及 $\dot{U}'_{C2}$ 相对于 $\dot{U}_{C2}$，向量模值都得到显著增大，且高于故障相电源电压，同时各相的对地电压均小于线电压，故障特征分量此时将得到安全、有效地主动短时放大。

考虑到实际的测量过程中，由于中性点零序电压互感器的漏阻、漏抗以及励磁阻抗等因素，故障时配电网系统馈线的零序电流 $3\dot{I}_{0S}$ 与中性点零序电压调控后的零序电流 $3\dot{I}'_{0S}$，两者在测量过程中可能会存在一定的误差，进而导致向量 $\alpha \cdot 3\dot{I}_{0S} + 3\dot{I}'_{0S}$ 的计算会出现一定误差。此时极有可能使 $\arg(\alpha \cdot 3\dot{I}_{0S} + 3\dot{I}'_{0S})$ 产生相位偏移，不能完全保证其与电源电压 $\dot{E}_{X}$ 的相角完全相同（X 代表三相电源电压中的其中某一相，取值为 A、B、C），因此采用如下判据选取故障相。基于零序电压反向调控的高阻接地故障选相判据如下：

（1）高阻接地故障选相，A 相的相角判别函数为：

$$f_{AH}(3\dot{I}_{0S}) = \left| \arg(\alpha \cdot 3\dot{I}_{0S} + 3\dot{I}'_{0S}) - \arg(\dot{E}_A) \right| \tag{4.23}$$

（2）高阻接地故障选相，B 相的相角判别函数为：

$$f_{BH}(3\dot{I}_{0S}) = \left| \arg(\alpha \cdot 3\dot{I}_{0S} + 3\dot{I}'_{0S}) - \arg(\dot{E}_B) \right| \tag{4.24}$$

（3）高阻接地故障选相，C 相的相角判别函数为：

$$f_{CH}(3\dot{I}_{0S}) = \left| \arg(\alpha \cdot 3\dot{I}_{0S} + 3\dot{I}'_{0S}) - \arg(\dot{E}_C) \right| \tag{4.25}$$

配电网高阻接地故障选相判别函数，利用故障时配电网系统馈线 L 的零序电流 $3\dot{I}_{0S}$ 与中性点零序电压调控后配电网系统馈线 L 的零序电流 $3\dot{I}'_{0S}$，分别计算出高阻接地故障时，各相高阻接地故障选相函数的相角判别函数值，其中相角判别函数较小值所对应的相别即为故障相。

4.3.2　选线原理及判据

配电网发生高阻接地故障时，此时故障线路 L_m 的零序电流与非故障线路 L_n 所对应的零序电流分别为：

$$3\dot{I}_{0m} = \dot{U}_{01}\left(\frac{3}{Z_{0m}} + \frac{1}{R_f} \right) + \frac{\dot{E}_C}{R_f} \tag{4.26}$$

$$3\dot{I}_{0n} = \frac{3\dot{U}_{01}}{Z_{0n}} \tag{4.27}$$

式中：故障线路 L_m 零序电流向量 $3\dot{I}_{0m}$ 所对应的模值：$3I_{0m}$，相角为 $\arg(3\dot{I}_{0m})$；非故障线路 L_n 零序电流向量 $3\dot{I}_{0n}$ 所对应的模值：$3I_{0n}$，相角为 $\arg(3\dot{I}_{0n})$；以下相关向量的幅值和相角也按此方式进行表示。

高阻接地故障时，改变中性点零序电压幅值为故障时零序电压的 α 倍，零序电压相角为故障时反向相角后（投入到退出运行可在数个不等周波范围内完成），此时中性点零序电压为 $\dot{U}'_{01}$，其所对应的幅值为 U'_{01}，相角为 $\arg(\dot{U}'_{01})$。故障线路 L_m 的零序电流与非故障线路 L_n 所对应的零序电流分别为：

$$3\dot{I}'_{0\mathrm{m}} = -\alpha\dot{U}_{01}\left(\frac{3}{Z_{0\mathrm{m}}} + \frac{1}{R_{\mathrm{f}}}\right) + \frac{\dot{E}_{\mathrm{C}}}{R_{\mathrm{f}}} \tag{4.28}$$

$$3\dot{I}'_{0\mathrm{n}} = \frac{-3\alpha\dot{U}_{01}}{Z_{0\mathrm{n}}} \tag{4.29}$$

零序电压调控前后，非故障馈线零序电流向量前后的相角差值为：

$$
\begin{aligned}
|\arg(3\dot{I}_{0\mathrm{n}}) - \arg(3\dot{I}'_{0\mathrm{n}})| &= |(\arg(\dot{U}_{01}) - \arg(Z_{0\mathrm{n}})) - (\arg(\dot{U}_{02}) - \arg(Z_{0\mathrm{n}}))| \\
&= |\arg(\dot{U}_{01}) - \arg(\dot{U}_{02})| = 180°
\end{aligned}
\tag{4.30}
$$

配电网发生高阻接地故障时，中性点零序电压反向调控后，故障线路调控前后零序电流相角差值的绝对值不是 180°，由此来区分配电网的故障馈线与非故障馈线。根据式（4.17）和式（4.26），故障馈线的零序电流可进一步表示为：

$$3\dot{I}_{0\mathrm{m}} = \left(\frac{1}{R_{\mathrm{f}}} + \frac{3}{Z_{0\mathrm{m}}}\right)\frac{-\dot{E}_{\mathrm{C}} \cdot (1/R_{\mathrm{f}})}{Y_{\mathrm{P}} + Y_{0\mathrm{A}} + Y_{0\mathrm{B}} + Y_{0\mathrm{C}} + 1/R_{\mathrm{f}}} + \frac{\dot{E}_{\mathrm{C}}}{R_{\mathrm{f}}} \tag{4.31}$$

根据式（4.26）至式（4.28），故障馈线前后两次零序电流差值向量为：

$$\Delta 3\dot{I}_{0\mathrm{m}} = 3\dot{I}_{0\mathrm{m}} - 3\dot{I}'_{0\mathrm{m}} = (1+\alpha)\left(\frac{1}{R_{\mathrm{f}}} + \frac{3}{Z_{0\mathrm{m}}}\right)\dot{U}_{01} \tag{4.32}$$

对于高阻接地故障时故障馈线零序向量 $3\dot{I}_{0\mathrm{m}}$ 与零序电压幅值、相角调控前后的零序电流差值向量 $\Delta 3\dot{I}_{0\mathrm{m}}$，若后者所对应的向量与前者所对应的向量不同向，那么零序电压幅值、相角调控前后的故障线路零序电流 $3\dot{I}_{0\mathrm{m}}$ 与 $3\dot{I}'_{0\mathrm{m}}$ 的相角差值不是 180°。将配电网的相关参数代入式（4.31），化简后最终可得：

$$3\dot{I}_{0\mathrm{m}} = \frac{(1/R_{\mathrm{f}} + 3/r_{0\mathrm{m}}) + \mathrm{j}3\omega C_{0\mathrm{m}}}{(1/R_{\mathrm{f}} + \sum\limits_{i=1}^{N}3/r_{0i}) + \mathrm{j}(3\omega\sum\limits_{i=1}^{N}C_{0i} - 1/(\omega L_{\mathrm{p}}))}\left(\frac{-\dot{E}_{\mathrm{C}}}{R_{\mathrm{f}}}\right) + \frac{\dot{E}_{\mathrm{C}}}{R_{\mathrm{f}}} \tag{4.33}$$

此时假定：

$$a_1\mathrm{e}^{\mathrm{j}\beta_1} = \frac{(1/R_{\mathrm{f}} + 3/r_{0\mathrm{m}}) + \mathrm{j}3\omega C_{0\mathrm{m}}}{\left(1/R_{\mathrm{f}} + \sum\limits_{i=1}^{N}3/r_{0i}\right) + \mathrm{j}\left[3\omega\sum\limits_{i=1}^{N}C_{0i} - 1/(\omega L_{\mathrm{p}})\right]} \tag{4.34}$$

　　根据表达式可以发现零序电压幅值调控为故障时零序电压幅值的 α 倍、相角反向前后的零序电流向量差 $\Delta 3\dot{I}_{0m}$，与向量 $a_1 \mathrm{e}^{\mathrm{j}\beta_1}(-\dot{E}_C/R_f)$ 同向。向量 $a_1 \mathrm{e}^{\mathrm{j}\beta_1}$ 分子与分母对应向量的实部均大于零，且由于配电网一般处于过补偿状态，故此时有 $3\omega \sum\limits_{i=1}^{N} C_{0i} - 1/(\omega L_p) < 0$，又因为 $3\omega C_{0m} > 0$，所以此时 β_1 的取值不可能为 0；因为 $3\omega \sum\limits_{i=1}^{N} C_{0i} - 1/(\omega L_p)$ 与 $3\omega C_{0m}$ 都是一个有限的数值且向量的实部不能被忽略，所以 β_1 的取值也不可能是 $\pm 180°$。故高阻接地故障时的故障馈线零序电流向量 $3\dot{I}_{0m}$ 不会与向量 $a_1 \mathrm{e}^{\mathrm{j}\beta_1}(-\dot{E}_C/R_f)$ 同向，进一步判定接地故障时故障馈线零序电流向量 $3\dot{I}_{0m}$ 与零序电流前后差值向量 $\Delta 3\dot{I}_{0m}$ 不可能同向。那么此时则有：$\left| \arg(3\dot{I}_{0m}) - \arg(3\dot{I}'_{0m}) \right| \neq 180°$。故障线路零序电压反向调控前后的零序电流相角差值绝对值的计算过程如下：

　　此时假定：

$$a_2 \mathrm{e}^{\mathrm{j}\beta_2} = \frac{(1/R_f + 3/r_{0m}) + \mathrm{j}3\omega C_{0m}}{(1/R_f + \sum\limits_{i=1}^{N} 3/r_{0i}) + \mathrm{j}\left[3\omega \sum\limits_{i=1}^{N} C_{0i} - 1/(\omega L_p) \right]} \left(\frac{-\dot{E}_C}{R_f} \right) \tag{4.35}$$

化简后，则有：

$$3\dot{I}_{0m} = a_2 \mathrm{e}^{\mathrm{j}\beta_2} + \frac{\dot{E}_C}{R_f} \tag{4.36}$$

$$3\dot{I}'_{0m} = -\alpha a_2 \mathrm{e}^{\mathrm{j}\beta_2} + \frac{\dot{E}_C}{R_f} \tag{4.37}$$

　　零序电压反向调控前后，故障线路零序电流前后相角差值的求解向量图如图 4.12 所示，利用三角形的相关性质，推导出的相角差值。

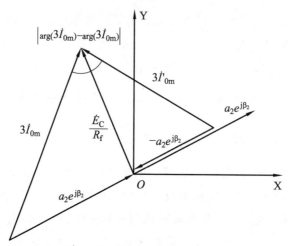

图 4.12　零序电压反向调控前后零序电流相角差值求解向量图

根据故障时零序电流向量 $3\dot{I}_{0m}$ 与零序电压调控后零序电流向量 $3\dot{I}'_{0m}$ 的向量表达式，在三角形中，运用余弦定理可得零序电流向量的模值大小为：

$$3I_{0m} = \sqrt{a_1^2 - 2a_1\cos\beta_1 + 1}\,\frac{E_C}{R_f} \tag{4.38}$$

$$3I'_{0m} = \sqrt{\alpha^2 a_1^2 + 2a_1\alpha\cos\beta_1 + 1}\,\frac{E_C}{R_f} \tag{4.39}$$

在对应的三角形中，运用余弦定理可求解出零序电流向量相角差值大小：

$$\cos\left(\left|\arg(3\dot{I}_{0m}) - \arg(3\dot{I}'_{0m})\right|\right) = \frac{(3I_{0m})^2 + (3I'_{0m})^2 - \left[(1+\alpha)a_2\right]^2}{2\cdot\sqrt{a_1^2 - 2a_1\cos\beta_1 + 1}\,\frac{E_C}{R_f}\cdot\sqrt{\alpha^2 a_1^2 + 2a_1\alpha\cos\beta_1 + 1}\,\frac{E_C}{R_f}} \tag{4.40}$$

结合 $a_2 = a_1 \cdot \dfrac{E_C}{R_f}$，以及 $\beta_2 = \beta_1 - 180° + 120°$ 的数值关系，并将相关参数代入公式（4.40），化简后可得：

$$\left|\arg(3\dot{I}_{0m}) - \arg(3\dot{I}'_{0m})\right| = \left|\arccos\left(\frac{-\alpha a_1^2 + (\alpha-1)a_1\cos\beta_1 + 1}{\sqrt{(a_1^2 - 2a_1\cos\beta_1 + 1)(\alpha^2 a_1^2 + 2a_1\alpha\cos\beta_1 + 1)}}\right)\right| \tag{4.41}$$

高阻接地故障时，基于零序电压反向调控的故障选线判据如下：

根据调控前后各馈线零序电流向量的相角关系，设置的高阻接地故障选线判别函数为：$f_{\mathrm{H}}(L_i) = \left\| \arg(3\dot{i}_{0i}) - \arg(3\dot{i}'_{0i}) \right| - 180° \right|$。依次计算各馈线的选线函数值，其中馈线函数值最大值者所对应的线路即为故障线。由此可知，高阻接地故障时，据此判据可以有效区分配电网的故障线路与非故障线路。

4.4　仿真分析

4.4.1　主动降压消弧时故障相恢复电压特性仿真分析

对失谐度为 – 9%、阻尼率为 3.5% 的柔性接地系统设置单相接地故障，过渡电阻分别为 50 Ω、1 000 Ω。接地故障发生后经过一定延时从中性点向系统注入零序电流进行主动降压消弧，$t = 0$ 为故障熄弧时刻。当注入电流完全补偿各相对地电容电流、对地泄漏电流及消弧线圈电流时，不同过渡电阻下故障相电压暂态恢复过程如图 4.13 和图 4.14 所示。

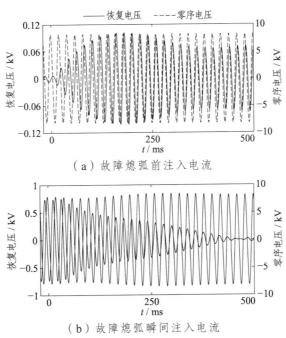

（a）故障熄弧前注入电流

（b）故障熄弧瞬间注入电流

图 4.13　柔性接地系统单相接地故障熄弧后故障相恢复电压波形（过渡电阻为 50 Ω）

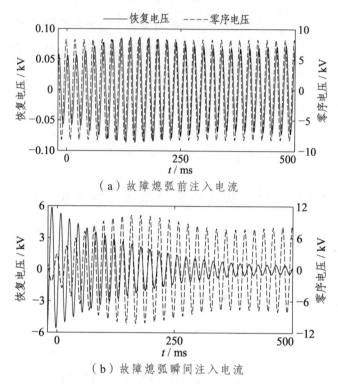

（a）故障熄弧前注入电流

（b）故障熄弧瞬间注入电流

图 4.14　柔性接地系统单相接地故障熄弧后故障相恢复电压波形（过渡电阻为 1000 Ω）

　　由图 4.13、图 4.14 可知，故障相恢复电压的暂态过程与注入电流时机有关。当柔性接地系统在故障熄弧前注入电流，故障相电压在注入电流的作用下抑制至 0 V，故障熄弧后恢复电压波形仍然呈拍振变化，电压同样在 150 ms 内达到峰值，显然柔性接地方式下的故障相恢复电压的暂态衰减时间与谐振频率与经消弧线圈接地系统恢复电压一致，但柔性接地系统故障相恢复电压峰值仅 0.1 V，远低于经消弧线圈接地系统故障相恢复电压，同样远低于线路额定电压。而故障电弧在故障工频电流过零熄灭前后系统中性点电压在注入电流的作用下会经过缓和的振荡，始终约等于故障相的反相电动势。当柔性接地系统在故障熄弧瞬间注入电流时，不同于谐振接地系统，故障熄弧后在注入电流的作用下，恢复电压不再呈拍频特性，由 6 kV 逐渐衰减至 0，系统中性点电压经过一段振荡过程，500 ms 后稳定至故障相反相电动势。当配电网采用柔性接地时，无论中性点电压为何值，都会在注入电流的作用下强制为故障相反相电动势，与故障相电动势叠加后使得故障相电压始终保持为 0，破坏了电弧再次重燃的条件，实现了故障 100%熄弧。

不同过渡电阻下，柔性接地系统发生单相接地故障，且故障电弧在工频故障电流过零点熄灭后故障相电压的暂态信息如图 4.15 所示。

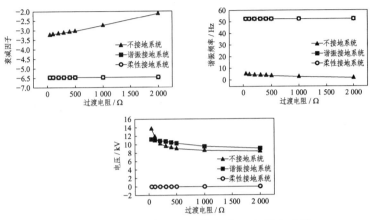

图 4.15　不同过渡电阻下恢复电压各暂态参数

由图可以看出，不接地系统恢复电压衰减因子与谐振频率会随着过渡电阻增大而减小，因为故障电弧熄灭后零序电压逐渐衰减，TV 饱和程度降低；由于失谐度、阻尼率不变，谐振接地系统恢复电压衰减因子和谐振频率并不会随着过渡电阻变化而改变；对于柔性接地系统，其衰减因子和谐振频率同样仅与系统失谐度、阻尼率有关，与过渡电阻变化无关。同时可以看出，柔性接地系统故障相恢复电压在拍频周期内达到的峰值远小于谐振接地系统和不接地系统，这反应了柔性接地系统在故障熄弧前后由于中性点电压和消弧线圈电流的改变引起的暂态过程并不强烈。

不同过渡电阻下，柔性接地系统发生单相接地故障，且故障电弧在工频故障电流过零点熄灭后故障相电压的暂态恢复过程如图 4.16 所示。

由图 4.16 可以看出，不同过渡电阻下故障相恢复电压在熄弧瞬间的初始值几乎相等，可知柔性接地系统对于故障电压的抑制能力与过渡电阻无关。且不同过渡电阻下故障熄弧后的故障相恢复电压暂态过程也基本相同，因为注入电流作用产生的自适应零序电压在故障点熄弧前后始终为反相的故障相电动势，与过渡电阻无关，尽管系统拓扑结构发生变化，也不会有激烈的暂态过程。

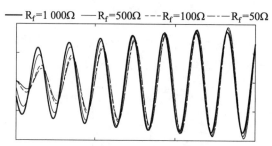

图 4.16 柔性接地系统不同过渡电阻下故障相电压暂态恢复过程

当柔性接地装置注入的电流幅值为 10.85A,相角为 − 2.29rad 时可完全补偿各相对地位移电容电流、对地泄漏电流及消弧线圈对地电流。改变注入电流的幅值、相位,故障相恢复电压包络曲线与注入电流的关系如图 4.17 所示。

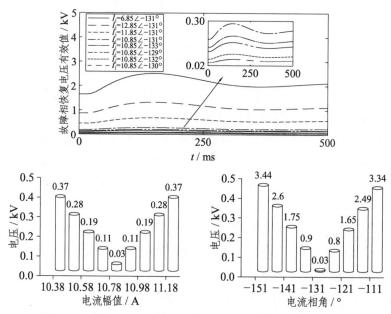

图 4.17 中性点注入不同电流故障相恢复电压暂态有效值

由图 4.17 可知,对于柔性接地系统,熄弧效果与注入电流有关,当注入电流可补偿各相对地位移电容电流、对地泄露电流及消弧线圈对地电流时,可有效抑制恢复电压的上升,将恢复电压的峰值抑制在较小的范围内。当注入电流不能完全补偿各相对地位移电容电流、对地泄露电流及消弧线圈对地电流时,熄弧效果与注入电流和完全补偿的数值的偏差有关，偏差越大对恢复电压的抑制效果越差，熄弧效果越差。而对于谐振接地系统，当系统失谐度为 0 时弧光抑制的效果最好，在这种情况下恢复电压的峰值为线路的额定电压，而柔性接地系统中，即使注入电流并未完全补偿各相对地位移电容电流、对地泄漏电流及消弧线圈对地电流，恢复电压峰值仍然远小于线路额定电压，表明柔性接地比消弧线圈接地在熄弧效果上鲁棒性更强，对参数测量不准确的抗干扰能力更强。

4.4.2　永久性故障判别方法仿真分析

配电网永久性故障判别流程如图 4.18 所示，发生接地故障后进行接地故障选相；投入零序电压调控装置，对故障相电压进行调控，将故障相电压抑制到熄弧电压以下，经过一定延时后逐渐升高故障相电压，实时测量故障相线电流以及故障相电压，若 $\mathrm{Re}\left[\dfrac{\Delta \dot{I}_{\varphi}}{\Delta \dot{U}_{\varphi}}\right]$ 发生突变则表明故障已熄弧，此时装置退出；否则判断为永久性接地故障，需进行故障隔离处理，隔离故障后三相电压可恢复正常，系统恢复正常运行。

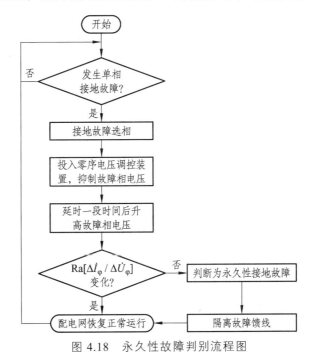

图 4.18　永久性故障判别流程图

为了验证所提永久性故障判别方法的可行性，在 PSCAD/EMTDC 仿真环境中搭建了如图 4.9 所示的中性点不接地及中性点经消弧线圈接地的 10 kV 配电网单相接地故障模型，A 相电源电动势相位设置为 − 90°，线路均模拟 A 相发生接地故障。

首先在中性点不接地系统中模拟弧光接地故障，线路单相对地电容为 1.45μF，单相对地泄漏电阻为 110 kΩ，以发生塔基电阻为 200 Ω 的弧光接地故障为例，对电网零序电压进行 4 次调控，分别测量调控过程中的线路线电流及故障相对地电压的变化量，测量结果列于表 4.1。

表 4.1　永久性故障判别方法仿真结果

序号	线电流/A	相电压/kV	电流变化量/A	电压变化量/kV	实部计算值/ms
1	77.68∠ − 137.7°	0.001∠ − 87.7°	6.11∠95.8°	1.15∠87.1°	5.3
2	81.46 − 134.2°	1.15∠ − 92.90°			
3	85.5∠ − 132.2°	2.29∠ − 90.8°	0.75∠176.4°	1.15∠90°	0.04
4	85.0∠ − 131.8°	3.44∠ − 90.5°			

通过仿真可测量出零序电压调控过程中线电流及故障相电压的数据，进一步计算电压变化量及电流变化量，最终求出实部计算值，由上表可看出，故障清除前后 $\mathrm{Re}\left[\dfrac{\Delta \dot{i}_A}{\Delta \dot{U}_A}\right]$ 的计算值不同，故障清除后不存在过渡电阻，因此故障相对地电导会减小，表中实部计算值由 5.3 ms 降小到 0.04 ms，理论与仿真结果一致，验证了所提出的永久性故障判别方法的可行性。

4.4.3　选相与选线方法仿真分析

基于 ZNy11-Dyn7 电力变压器型电压源灵活调控的选相与选线方法实现流程如图 4.19 所示。通过故障感知方法，检测到配电网系统发生接地故障后，此时通过结合正常运行状态下、故障状态下测量得到的阻尼率，以及异频零序电压的返回值，可以主动完成接地过渡电阻值的大小测量。与此同时，分别测量出接地故障时各馈线的零序电流以及中性点零序电压的幅值和相角。

若判别是高阻接地故障，调控中性点零序电压幅值为故障时零序电压幅值的 α 倍，相角反向，此时又进行一次各馈线零序电流测量。利用调控前后系统馈线的零序电流

分别计算出各相的高阻接地故障选相函数数值，选相函数数值较小者所对应的相别即
为故障相；利用各馈线零序电流调控前后的相角关系，可准确完成故障馈线辨识，其
中线路零序电流前后相角差值的绝对值为 180° 时，对应的线路为非故障线路，反之则
为故障线路。

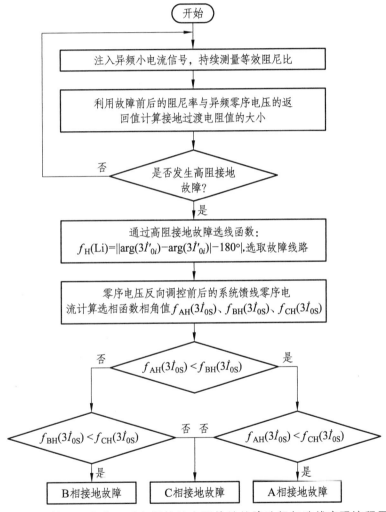

图 4.19 基于零序电压反向调控的高阻接地故障选相与选线实现流程图

为验证本章所提选相、选线方法的可行性与准确性，在 PSCAD/EMTP 仿真环境

中搭建了如图 4.9 所示的中性点经消弧线圈接地的 10 kV 配电网单相接地故障模型，配电网共有 3 条出线，分别为 L_1、L_2、L_3，其中故障点 f 位于线路 L_1 的 C 相。线路 L_1 的各相对地电容分别 $C_{0A1} = C_{0B1} = C_{0C1} = 0.28\mu F$，线路对地电阻 $r_{0A1} = r_{0B1} = r_{0C1} = 380 \, k\Omega$；线路 L_2 的各相对地电容分别为：$C_{0A2} = C_{0B2} = C_{0C2} = 2.1\mu F$，对地电阻 $r_{0A2} = r_{0B2} = r_{0C2} = 30 \, k\Omega$，线路 L_3 的单相对地电容分别为：$C_{0A3} = C_{0B3} = C_{0C3} = 1.4\mu F$，线路对地电阻 $r_{0A3} = r_{0B3} = r_{0C3} = = 76 \, k\Omega$，消弧线圈电感值 $L_p = 800 \, mH$。

1. 选相仿真

根据前文给出的配电网仿真参数，在 PSCAD/EMTP 仿真环境中搭建仿真模型，设置配电网在 0.05 s 分别发生 1 kΩ、2 kΩ、3 kΩ、5 kΩ、10 kΩ的高阻接地故障，高阻接地故障时中性点所对应的零序电压分别为：$4.71\angle -39.93°$、$3.74\angle -27.24°$、$3.02\angle -18.95°$、$2.12\angle -8.98°$、$1.18\angle 2.24°$，单位 kV。0.25 s 零序电压进行反向调控，其中调控系数 α 的大小取 1，基于零序电压反向调控前后配电网系统馈线的零序电流 $3\dot{I}_{0S}$，单位为 A，分别完成对高阻接地故障选相辨识函数 $f_{AH}(3\dot{I}_{0S})$、$f_{BH}(3\dot{I}_{0S})$、$f_{CH}(3\dot{I}_{0S})$ 的相角函数值计算。不同接地过渡电阻下，仿真过程中测量出的系统零序电流向量值，以及接地故障选相函数值的计算值如表 4.2 所示。

表 4.2　不同高阻接地故障下零序电压调控接地故障选相仿真结果（$\alpha = 1$）

$R_f / k\Omega$	$3\dot{I}_{0S}/A$	$3\dot{I}'_{0S}/A$	$\alpha \cdot 3\dot{I}_{0S} + 3\dot{I}'_{0S}$	$f_{AH}(3\dot{I}_{0S})$	$f_{BH}(3\dot{I}_{0S})$	$f_{CH}(3\dot{I}_{0S})$
1	$18.75\angle 49.19°$	$18.30\angle -166.73°$	$11.42\angle 119.05°$	$119.05°$	$120.95°$	$0.95°$
2	$14.89\angle 61.87°$	$12.71\angle -140.45°$	$5.78\angle 119.14°$	$119.14°$	$120.86°$	$0.86°$
3	$12.10\angle 70.02°$	$9.93\angle -126.80°$	$3.88\angle 119.12°$	$119.12°$	$120.88°$	$0.88°$
5	$8.53\angle 79.55°$	$6.81\angle -112.27°$	$2.42\angle 118.72°$	$118.72°$	$121.28°$	$1.28°$
10	$4.87\angle 91.79°$	$3.73\angle -97.29°$	$1.83\angle 118.44°$	$118.44°$	$121.56°$	$1.56°$

通过对表 4.2 数据的有效分析，不同接地过渡电阻值情形下，其中接地故障选相辨识函数 $f_{CH}(3\dot{I}_{0S})$ 所对应相角函数值是最小的，并且误差维持在 2°的高精度范围内。最终根据故障相相角函数值最小值的判定原理，确定各接地故障电阻下的故障相均为 C 相。

为了验证调控系数 α 的大小可以灵活调控相关故障分量的测量值，高阻接地故障情形下，灵活设置调控系数值，短时放大接地故障处的短路电流，确保故障分量能够得到精确检测，进而准确选取故障相。配电网发生 1 kΩ的高阻接地故障时，此时中性点零序电压为：4.71∠−39.93°，单位 kV。不同调控系数下，零序电压调控前后，短路电流变化图如图 4.20 ~ 4.22 所示，相关仿真数据如表 4.3 所示。

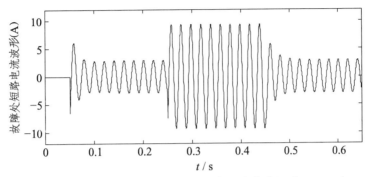

图 4.20　零序电压反向调控前后短路电流变化图（α = 0.2）

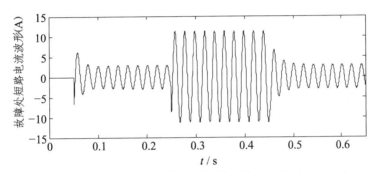

图 4.21　零序电压反向调控前后短路电流变化图（α = 0.5）

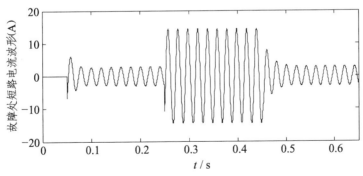

图 4.22　零序电压反向调控前后短路电流变化图（α=1）

表 4.3 高阻接地故障时不同调控系数下零序电压反向调控选相仿真结果（ $R_f = 1\ \text{k}\Omega$ ）

调控系数大小	$3\dot{i}_{0S}$ /A	$3\dot{i}'_{0S}$ /A	$\alpha \cdot 3\dot{i}_{0S}+3\dot{i}'_{0S}$	$f_{AH}(3\dot{i}_{0S})$	$f_{BH}(3\dot{i}_{0S})$	$f_{CH}(3\dot{i}_{0S})$
0.2	18.75∠49.19°	6.59∠151.38°	6.86∠119.06°	119.06°	120.94°	0.84°
0.3	18.75∠49.19°	7.62∠162.93°	7.43∠119.05°	119.05°	120.85°	0.85°
0.5	18.75∠49.19°	10.30∠177.78°	8.58∠119.04°	119.04°	120.86°	0.86°
0.8	18.75∠49.19°	14.99∠-170.94°	10.29∠119.04°	118.04°	120.86°	0.86°
1	18.75∠49.19°	18.30∠-166.73°	11.42∠119.05°	119.05°	120.85°	0.85°
1.2	18.75∠49.19°	21.66∠-163.83°	12.57∠119.02°	119.02°	120.98°	0.98°

据图 4.20 ~ 图 4.22 与表 4.3 数据分析可知，高阻接地故障时，调控系数的大小可灵活调控故障分量的数值大小，调控系数值可有效短时放大接地故障处的短路电流，保证高阻接地故障时，相关故障特征分量的检测精度。不同调控系数下的高阻接地故障选相，仿真结果表明：配电网安全运行范围内，确保故障分量能够得到精确检测的调节系数都能准确选取故障相，理论分析与仿真结果表明，所提方法真实有效。

2. 选线仿真

根据前文给出的配电网仿真参数，在 PSCAD/EMTP 仿真环境中搭建仿真模型，当配电网在 0.05 s 分别发生 1 kΩ、3 kΩ、5 kΩ 的接地故障时，0.45 s 零序电压进行反向调控，零序电压调控前后各馈线的零序电流相角变化图如图 4.23 ~ 图 4.25 所示。

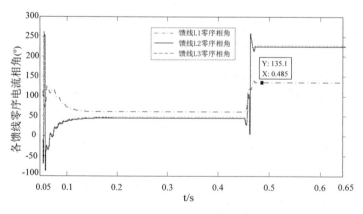

图 4.23 1 kΩ接地故障时各馈线零序电流相角变化图

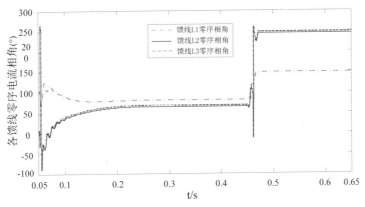

图 4.24　3 kΩ接地故障时各馈线零序电流相角变化图

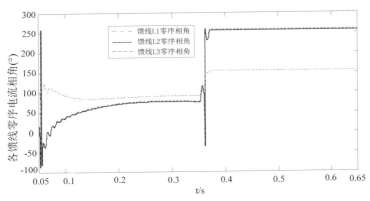

图 4.25　5 kΩ接地故障时各馈线零序电流相角变化图

　　当配电网发生单相接地故障时，为了更加清晰地根据高阻选线判据进行故障馈线
辨识，中性点零序电压幅值调控为故障时零序电压幅值的 α 倍（其中 α 可变，此处取
$\alpha = 1$），将其相角反向前后，仿真记录的各馈线零序电流相角数据记录如表 4.4 所示。

表 4.4 零序电压调控前后的各馈线零序电流相角数据（$\alpha = 1$）

R_f / kΩ	$\dot{U}_0$ / kV	馈线	$\arg(3\dot{i}_{0i})$	$\arg(3\dot{i}'_{0i})$	$\left\| \arg(3\dot{i}_{0i}) - \arg(3\dot{i}'_{0i}) \right\|$	选线函数值 $f_H(L_i)$
1	$4.71\angle-39.93°$	L_1	69.91°	135.09°	74.18°	115.82°
		L_2	46.27°	226.28°	180.01°	0.01°
		L_3	47.45°	227.45°	180.01°	0.01°
3	$3.01\angle-19.15°$	L_1	81.76°	159.74°	77.99°	102.01°
		L_2	67.19°	247.05°	179.86°	0.14°
		L_3	68.37°	248.23°	179.86°	0.14°
5	$2.12\angle-8.74°$	L_1	90.74°	154.07°	63.34°	116.66°
		L_2	77.74°	257.51°	179.78°	0.22°
		L_3	78.92°	258.69°	179.77°	0.23°

由表 4.4 可知，配电网分别发生 1 kΩ、3 kΩ、5 kΩ 的高阻接地故障时，零序电压调控前后，其中线路 L_2 与 L_3 零序电流向量相角差值的绝对值十分接近 180°，但线路 L_1 零序电流前后相角差值的绝对值却远远偏离 180°。由此可知 $f_H(L_1)$ 对应最大的馈线函数值，根据选线判据，可判定馈线 L_1 为故障线路。

为了验证调控系数 α 的大小可以灵活调控相关零序向量的测量值，高阻接地故障情形下，灵活设置调节系数值，可有效短时放大接地故障处的短路电流，确保故障分量能够得到精确检测，进而准确选取故障线路。配电网发生 1 kΩ 的高阻接地故障时，不同调节系数下的选线相关仿真数据如表 4.5 所示。

表 4.5 不同调节系数下零序电压调控前后各馈线零序电流的相角数据（$R_f = 1$ kΩ）

调控系数大小	$\dot{U}_0$ / kV	馈线	$\arg(3\dot{i}_{0i})$	$\arg(3\dot{i}'_{0i})$	$\left\| \arg(3\dot{i}_{0i}) - \arg(3\dot{i}'_{0i}) \right\|$	选线函数值 $f_H(L_i)$
0.2	$4.71\angle-39.93°$	L_1	60.86°	123.98°	63.12°	116.88°
		L_2	46.28°	226.28°	180.00°	0.00°
		L_3	47.46°	227.46°	180.00°	0.00°
0.3	$4.71\angle-39.93°$	L_1	60.87°	125.98°	65.11°	114.89°
		L_2	46.28°	226.28°	180.00°	0.00°

续表

调控系数大小	$\dot{U}_0$ / kV	馈线	$\arg(3\dot{I}_{0i})$	$\arg(3\dot{I}'_{0i})$	$\left\|\arg(3\dot{I}_{0i}) - \arg(3\dot{I}'_{0i})\right\|$	选线函数值 $f_{\mathrm{H}}(L_i)$
0.3	4.71∠−39.93°	L_3	47.46°	227.45°	180.00°	0.00°
0.5	4.71∠−39.93°	L_1	60.89°	130.16°	69.28°	110.72°
		L_2	46.28°	226.28°	180.00°	0.00°
		L_3	47.46°	227.45°	180.00°	0.00°
0.8	4.71∠−39.93°	L_1	60.90°	133.12°	72.22°	107.78°
		L_2	46.27°	226.28°	180.00°	0.00°
		L_3	47.46°	227.45°	180.00°	0.00°
1	4.71∠−39.93°	L_1	60.91°	135.09°	74.18°	105.82°
		L_2	46.27°	226.28°	180.01°	0.01°
		L_3	47.45°	227.45°	180.01°	0.01°

其中线路 L_2、L_3 零序电流前后相角差值的绝对值十分接近 180°，但线路 L_1 零序电流前后相角差值的绝对值却远远偏离 180°，由此可知 $f_{\mathrm{H}}(L_1)$ 对应最大的馈线函数值，根据选线判据，仍可判定馈线 L_1 为故障线路。据表 4.5 数据分析可知，所提选线方法在高阻接地故障时，调控系数大小对选线结果并不产生原理上的影响，调节系数的大小影响的仅仅是调控后相关零序电流向量的测量大小，由此可以根据接地过渡电阻值的大小设置对应的调控系数值，短时放大接地故障处的短路电流大小，提高相关信息量的测量精度，进而保证高阻接地故障时的选线准确性。

第 5 章　ZNy11-Dyn7 电力变压器型电压源补偿成套系统结构设计

本章主要对 ZNy11-Dyn7 电力变压器型电压源补偿成套系统拓扑结构进行了详细设计与介绍，包括成套装置特点、工作原理、技术参数、各保护方框图、硬件说明以及定值内容及整定说明等内容，并确定了 ZNy11-Dyn7 电力变压器型电压源补偿成套系统的容量、漏抗、直流电阻等关键参数，以满足各种复杂工况下单相接地故障处置要求。

5.1　ZNy11-Dyn7 电力变压器型电压源补偿成套系统拓扑设计

5.1.1　装置概述

基于前文所提 ZNy11-Dyn7 电力变压器型电压源补偿原理，团队研发了 ZNy11-Dyn7 电力变压器型电压源补偿成套装置。提取 Dyn7 变压器二次侧系统线电压，通过向 ZNy11 变压器中性点反馈输出配电网电源电势，主动降低故障相电压，阻止电弧重燃，并消除故障电流。本章详细描述了 ZNy11-Dyn7 电力变压器型电压源补偿成套装置的工作原理、技术参数、定值整定、各保护方框图和装置操作步骤。

该装置可以替代自动调谐消弧线圈等中性点接地产品，解决配电网接地故障消弧和保护难题，保证电力系统安全可靠运行，具有广阔应用前景。

5.1.2　装置特点

1. 选线原理

采用稳态矢量法、暂态法、特征量等原理，自适应融合接地过程中的幅值、方向、导纳、功率、暂态等有效数据，通过各种判据提高选线的准确率和高阻的识别范围，以适应不同运行方式和接地方式下正确选线的要求。

2. 故障选线

采用配电网接地故障高灵敏度检测与选线保护装置选线，标配 2 段母线，最多支持 36 条出线，均配置线路开关状态监测及跳闸输出功能，满足快速切除故障的特定要求。

3. 故障选相

实现故障选相、PT 断线、3Uo 告警、开口零序方向校验等功能。

4. 参数测量

注入小信号谐振测量对地参数：电容电流、泄漏电导、脱谐度、阻尼率、中性点电压、电感电流、残流等数据。

5. 补偿性能

单相接地故障残流小于 0.3 A，电弧抑制率不低于 98%。

6. 补偿速度

采用预调试消弧线圈对接地故障残流实现无延时补偿，延时为零；采用电力变压器型电压源对接地故障进行快速全补偿，金属接地故障、低阻接地故障和电缆故障时，全补偿延时不大于 150 ms；高阻接地故障时，全补偿延时小于 300 ms。

7. 降压运行

独有的零序电压柔性控制技术，当系统出现单相接地故障时，可灵活调整三相对地电压，对电力电缆绝缘受损控制尤为突出，可大大提高供电可靠性。

8. 兼容性好

通过注入变压器接入系统可兼容大部分消弧线圈，有效降低改造成本，提高变电站单相接地故障时的灭弧能力。

9. 硬件平台

采用高性能 32 位 ARM 处理器，处理速度高达 180 MHz，采用智能板卡设计，功能分配更加合理，响应速度更快。

10. 人机界面

液晶显示，界面清晰，操作简洁。

11．机械结构

采用后插拔插件结构，维护方便，强弱电分离，抗干扰性能强。

12．故障查询

记录最近 200 次故障或告警事件，记录内容包括母线电压、零序电压、零序电流、故障类型、故障启动时间等，存储最近 100 次故障录波数据，标准 COMTRADE 格式。

13．后台软件

基于 PC 机平台的上位机软件，通过数据线连接主机进行模拟量、数字量、定值及故障信息查询和处理。

5.1.3 工作原理

1．整体结构

设备主要由消弧控制屏、电压源屏（PLC 电气柜、阻尼电阻及电容柜）、二次侧线电压分接开关可调的 Dyn7 变压器本体箱等部分组成，故障处理的基本原理是当配电网发生单相接地故障后，取 Dyn7 变压器二次侧的相间电压并注入到系统中性点（相位固定，仅需调整幅值），控制位移电压在中性点电压安全运行域内，使故障点的残流降低至零，达到快速熄弧的目的，保障设备和人身的安全，提升电网运行的可靠性。ZNy11-Dyn7 电力变压器型电压源补偿成套装置连接图如图 5.1 所示。

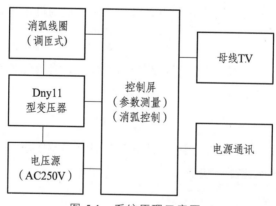

图 5.1　系统原理示意图

2. 电源屏

电源屏工作原理，如图 5.2 所示。

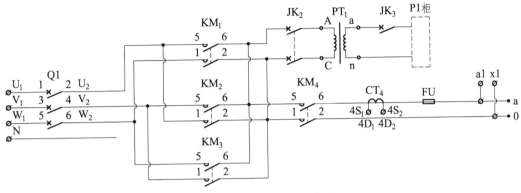

图 5.2　电源屏原理示意图

KM1 ~ KM3 为选相接触器，KM4 为输出接触器。其中 KM1 ~ KM4 的动作逻辑均为 PLC 执行 P1 柜控制命令执行，执行完毕后消弧控制装置 P1 柜检测 PT1 电压和注入变低压侧 a1、x1 两端电压相位是否一致，如果一致，则表明选相正确。消弧装置在判断选相正确后，消弧控制装置将通过通信接口给 PLC 发出投入注入变指令；如果检测到相位不一致，则表明选相异常，消弧控制装置转至选相异常处理流程，同时给 PLC 发出注入变切除指令，PLC 执行注入变切除逻辑的相关操作。

5.1.4　技术参数

（1）机械及环境参数如表 5.1 所示。

表 5.1　机械及环境参数表

名　称	参　数
选线及消弧控制屏	800 mm×600 mm×2260 mm（长×宽×高）
电源屏	1000 mm×800 mm×2260 mm（长×宽×高）
安装地点	户内
工作温度	−10 ℃ ~ +55 ℃
相对湿度	<95%
防护等级	IP42

（2）额定电气参数如表 5.2 所示。

表 5.2　额定电气参数表

名称	参数
选线及消弧控制屏直流电源	DC 220 V/ DC 110 V（自适应）
选线及消弧控制屏交流电源	AC 220 V，　50 Hz
选线及消弧控制屏交流电压	100 V≤0.5 VA/相
选线及消弧控制屏开入电压	DC 220 V/DC 110 V（可选）
选线及消弧控制屏交流电流	1A　≤0.1 VA/相
电源屏交流电源	AC 400 V，　50 Hz（三相四线）
电源屏交流电压	AC 220 V
电源屏额定容量	50 kVA
电容柜容量	120 kVar

（3）主要技术指标如表 5.3 和表 5.4 所示。

表 5.3　选线及消弧控制屏技术指标表

名称	指标
故障选线能力	金属及低阻接地故障：准确率≥99% 16 kΩ高阻单相接地故障：准确率>95%
启动元件	零序电压变化量启动元件：（1%～15%）U_n 零序电流启动元件：自适应无需整定门槛
高阻识别范围	65 A 配电网系统：≤13 kΩ 150 A 配电网系统：≤6 kΩ
接地点残流控制时间	金属接地故障、低阻接地故障和电缆故障：≤150 ms 高阻接地故障时：≤300 ms（与系统容量、脱谐度等相关）
接地点残流控制能力	≤0.3 A
电缆弧光消弧能力	100 ms 内有效熄弧，不重燃
故障定位功能	误差<150 m （另外配置配电线路故障行波定位装置使用）

续表

名称	指标
输出接点容量	信号接点容量： 允许长期通过电流 5A 切断电流 0.3 A（DC 220 V，V/R 1 ms） 跳闸接点容量： 允许长期通过电流 5A 切断电流 0.3 A（DC 220 V，V/R 1 ms），不带电流保持
绝缘试验	符合国标：GB/T14598.3-2006 第 4 章 "绝缘配合" 对应条款的规定
冲击电压实验	符合国标：GB/T14598.3-2006 第 4 章 4.4.4.2 "额定冲击电压的选定" 相关条款的规定

表 5.4   电源屏技术指标表

名称	指标
输入电压	AC 400 V，三相三线
额定容量	50 kVA
输出电压	400 V、533 V、800 V、1600 V（四挡可调）
稳态电压输出误差	≤ ±1%
稳态频率精度	±0.1%
稳态同步相位误差	≤ ±2°
稳态电压波型失真度	单谐波≤3%；总谐波≤5%
输出瞬态负载响应时间	≤300 ms
过载能力	＞20 s （125%额定电流）
电磁干扰	符合 C3 标准要求
保护功能	输入过压、欠压、缺相、短路保护，输出过压，过热、防浪涌

参考标准：

GB/T 1094.4 电力变压器 第 4 部分：电力变压器和电抗器的雷电冲击和操作冲击试验导则

GB/T 7261 继电保护和安全自动装置基本试验方法

GB/T 14285 继电保护和安全自动装置技术规程

GB/T 16927.1 高电压试验技术 第 1 部分：一般定义及试验要求

GB/T 16927.2 高电压试验技术 第 2 部分：测量系统

GB/T 16927.3 高电压试验技术 第 3 部分：现场试验的定义及要求

GB/T 16927.4 高电压和大电流试验技术 第 4 部分：试验电流和测量系统的定义和要求

GB/T 26864 电力系统继电保护产品动模试验

GB 50150 电气装置安装工程 电气设备交接试验标准

GB/T 50062 电力装置的继电保护和自动装置设计规范

DL/T 620 交流电气装置的过电压保护和绝缘配合

DL/T 872 小电流接地系统单相接地故障选线装置技术条件

DL/T 995 继电保护和电网安全自动装置检验规程

DL/T 1057 自动跟踪补偿消弧线圈成套装置技术条件

T/CSEE 0055 小电流接地系统单相接地故障选线装置检验规程

国家电网公司 10 kV～66 kV 消弧线圈装置技术标准

国家电网生（2006）51 号消弧线圈装置技术改造指导意见

国家电网生（2004）61 号预防 10 kV～66 kV 消弧线圈装置事故措施

5.1.5 各保护方框图

（1）有源消弧保护方框图如图 5.3 所示。

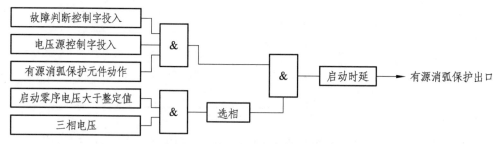

图 5.3 有源消弧保护逻辑框图

将故障判断、电压源投入控制字置"1"位，当发生单相接地故障，系统零序电压大于整定值时，装置启动选相，装置利用 ABC 三相电压计算出故障相，并将选相结果进行就地显示和上传到后台。判断出故障相后，装置会根据故障相计算补偿电压相位和幅值给电压源，由电压源输出补偿电压注入到系统。

（2）电压源过流保护方框图如图 5.4 所示。

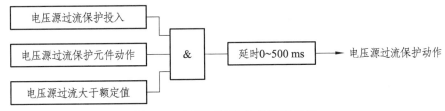

图 5.4　电压源过流保护逻辑框图

发生单相接地故障，电压源投入，当电压源输出电流大于电压源自身的额定电流时，为了保护电压源，装置启动电压源过流保护，保护可出口跳电压源。

5.1.6　硬件说明

1. 面板布置

消弧控制器采用新一代智能板卡平台，32 位的高性能处理器，内部高性能的通信总线，确保插件间数据通信的可靠性，易于扩展。

装置的前面板布置图与背板图如图 5.5 和图 5.6 所示。

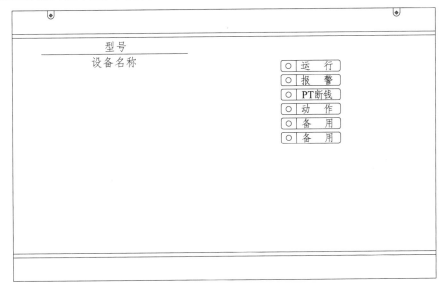

图 5.5　消弧装置前面板示意图

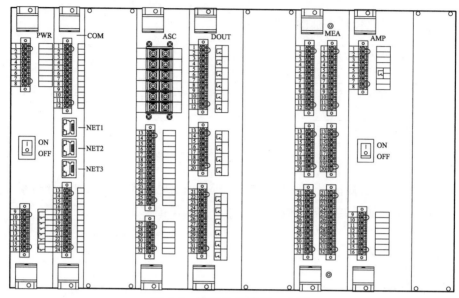

图 5.6　消弧装置背板示意图

2. 结构与安装

装置采用全封闭 6U 标准机箱，嵌入式安装于屏柜，如图 5.7 所示。

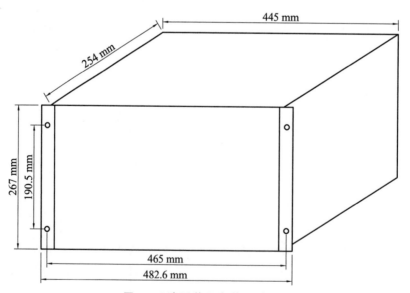

图 5.7　消弧装置安装尺寸图

3. 配置及端子定义

B01_PWR：电源插件，卡槽编号 01（背视图自左至右），自适应交直流电源，DC 220 V 和 DC 110 V 均兼容，提供 24 V 电源输出；

B02_COM：通信插件，卡槽编号 02。通信插件具有 11 路弱电开入、3 路 RJ45 百兆以太网接口、2 路 RS485 接口、1 路 IRIG-B 码对时的 RS485 接口和 1 路 RS232 接口；

B04_ASC：消弧插件，卡槽编号 04，支持 6 路电流、8 路电压采集、1 路用于电源屏通信的 CAN 通信接口和 1 路用于触摸屏通信的 RS485 接口；

B05_DOUT：出口插件，卡槽编号 05，支持 16 路继电器输出；

B07_MEA：测量插件，卡槽编号 07，支持 36 路 DC 110 V/DC 220 V 光耦开入，支持 8 路继电器输出；

B08_AMP：功放插件，卡槽编号 08，支持 220 V 输入，支持 2 路电压采集。

背板端子图对应于控制器的标准配置，如图 5.8 所示。

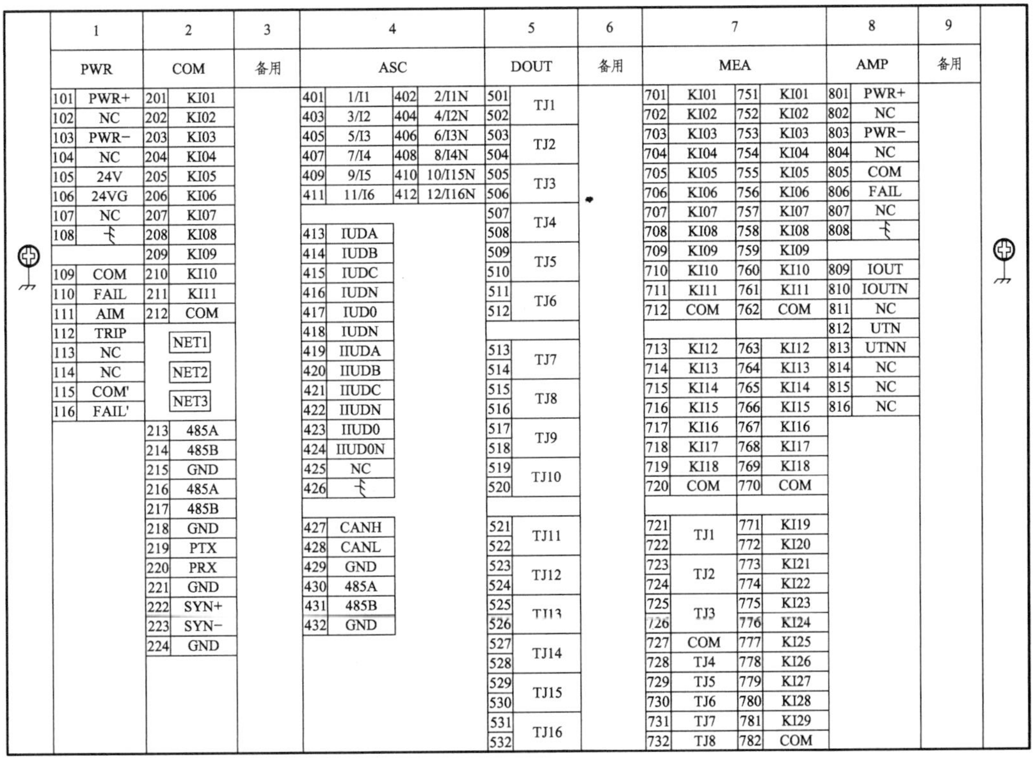

1		2		3	4				5		6	7				8		9
PWR		COM		备用	ASC				DOUT		备用	MEA				AMP		备用
101	PWR+	201	KI01		401	1/I1	402	2/I1N	501	TJ1		701	KI01	751	KI01	801	PWR+	
102	NC	202	KI02		403	3/I2	404	4/I2N	502			702	KI02	752	KI02	802	NC	
103	PWR−	203	KI03		405	5/I3	406	6/I3N	503	TJ2		703	KI03	753	KI03	803	PWR−	
104	NC	204	KI04		407	7/I4	408	8/I4N	504			704	KI04	754	KI04	804	NC	
105	24V	205	KI05		409	9/I5	410	10/I15N	505	TJ3		705	KI05	755	KI05	805	COM	
106	24VG	206	KI06		411	11/I6	412	12/I16N	506			706	KI06	756	KI06	806	FAIL	
107	NC	207	KI07						507	TJ4		707	KI07	757	KI07	807	NC	
108	⏚	208	KI08		413	IUDA			508			708	KI08	758	KI08	808	⏚	
		209	KI09		414	IUDB			509	TJ5		709	KI09	759	KI09			
109	COM	210	KI10		415	IUDC			510			710	KI10	760	KI10	809	IOUT	
110	FAIL	211	KI11		416	IUDN			511	TJ6		711	KI11	761	KI11	810	IOUTN	
111	AIM	212	COM		417	IUD0			512			712	COM	762	COM	811	NC	
112	TRIP				418	IUDN										812	UTN	
113	NC		NET1		419	IIUDA			513	TJ7		713	KI12	763	KI12	813	UTNN	
114	NC		NET2		420	IIUDB			514			714	KI13	764	KI13	814	NC	
115	COM'		NET3		421	IIUDC			515	TJ8		715	KI14	765	KI14	815	NC	
116	FAIL'				422	IIUDN			516			716	KI15	766	KI15	816	NC	
		213	485A		423	IIUD0			517	TJ9		717	KI16	767	KI16			
		214	485B		424	IIUD0N			518			718	KI17	768	KI17			
		215	GND		425	NC			519	TJ10		719	KI18	769	KI18			
		216	485A		426				520			720	COM	770	COM			
		217	485B															
		218	GND		427	CANH			521	TJ11		721	TJ1	771	KI19			
		219	PTX		428	CANL			522			722		772	KI20			
		220	PRX		429	GND			523	TJ12		723	TJ2	773	KI21			
		221	GND		430	485A			524			724		774	KI22			
		222	SYN+		431	485B			525	TJ13		725	TJ3	775	KI23			
		223	SYN−		432	GND			526			/26		776	KI24			
		224	GND						527	TJ14		727	COM	777	KI25			
									528			728	TJ4	778	KI26			
									529	TJ15		729	TJ5	779	KI27			
									530			730	TJ6	780	KI28			
									531	TJ16		731	TJ7	781	KI29			
									532			732	TJ8	782	COM			

图 5.8　消弧装置端子定义图（背视图）

■ 配电网中性点 ZNy11-Dyn7 变压器型电压源接地方式及原理

表 5.5 ~ 表 5.10 是端子定义详细说明。

表 5.5　B01_PWR 电源插件定义

端子编号	端子符号	端子定义	备注
1	PWR（+）	直流电源+/交流输入 L	电源输入
2	NC		
3	PWR（-）	直流电源-/交流输入 N	
4	NC		
5	24 V	24 V	电源输出
6	24 VG	24 VG	
7	NC		
8	FG	接地	
9	COM	公共	公共端
10	失电	失电	遥信开出
11	报警	报警	
12	接地	接地	
13	NC		
14	NC		
15	COM	公共	公共端
16	失电	失电	遥信开出

表 5.6　B04_ASC 消弧插件定义

端子编号	端子符号	端子定义	备注
1	1/I1	极性端	出线 1 零序电流
2	2/I1N	非极性端	
3	3/I2	极性端	出线 2 零序电流
4	4/I2N	非极性端	
5	5/I3	极性端	出线 3 零序电流
6	6/I3N	非极性端	
7	7/I4	极性端	出线 4 零序电流

续表

端子编号	端子符号	端子定义	备注
8	8/I4N	非极性端	
9	9/I5	极性端	出线 5 零序电流
10	10/I5N	非极性端	
11	11/I6	极性端	出线 6 零序电流
12	12/I6N	极性端	
13	IUA	极性端	I 母相电压
14	IUB	极性端	
15	IUC	极性端	
16	IUN	非极性端	
17	IU0	极性端	I 母零序电压
18	IU0N	非极性端	
19	IIUA	极性端	II 母相电压
20	IIUB	极性端	
21	IIUC	极性端	
22	IIUN	非极性端	
23	IIU0	极性端	II 母零序电压
24	IIU0N	非极性端	
25	NC		
26	FG	接地	
27	CANH	CAN_H	触摸屏 RS485 串口通信
28	CANL	CAN_L	
29	GND	CAN_GND	
30	485A	RS485+	电压源 RS485 串口通信
31	485B	RS485-	
32	GND	RS485_GND	

表 5.7　B02_COM 通信插件定义

端子编号	端子符号	端子定义	备注
1	KI01	开入 1	功能压板开入 DC 24 V
2	KI02	开入 2	
……	……	……	
10	KI10	开入 10	
11	KI11	开入 11	
12	COM	开入公共端（负）	DV24 VG
13	485A	RS485+	后台 RS485 串口通信
14	485B	RS485-	
15	GND	RS485_GND	
16	485A	RS485+	主从 RS485 串口通信
17	485B	RS485-	
18	GND	RS485_GND	
19	PTX	RS232_TX 插件发送	打印
20	PRX	RS232_RX 插件接受	
21	GND	RS232_GND	
22	SYN+	RS485+	对时
23	SYN-	RS485-	
24	GND	RS485_GND	

表 5.8　B05_DOUT 出口插件定义

端子编号	端子符号	端子定义	备注
1/2	TJ1	开出 1	跳闸开出
3/4	TJ2	开出 2	
5/6	TJ3	开出 3	
7/8	TJ4	开出 4	
9/10	TJ5	开出 5	
11/12	TJ6	开出 6	

续表

端子编号	端子符号	端子定义	备注
13/14	TJ7	开出 7	跳闸开出
15/16	TJ8	开出 8	
17/18	TJ9	开出 9	
19/20	TJ10	开出 10	
21/22	TJ11	开出 11	跳闸开出
23/24	TJ12	开出 12	
25/26	TJ13	开出 13	
27/28	TJ14	开出 14	
29/30	TJ15	开出 15	
31/32	TJ16	开出 16	

表 5.9　B07_MEA 测量插件定义

端子编号	端子符号	端子定义	备注
1	KI01	开入 1	开入为外部电源 DC24 V
2	KI02	开入 2	
……	……	……	
11	KI11	开入 11	
12	KI12	开入 12	
13	KI13	开入 13	开入为外部电源 DC24 V
14	KI14	开入 14	
……	……	……	
18	KI18	开入 18	
19	KI19	开入 19	
20	COM	开入公共端（负）	DC24 VG
21/22	TJ1	开出 1	跳闸开出
23/24	TJ2	开出 2	
25/26	TJ3	开出 3	

续表

端子编号	端子符号	端子定义	备注
27/28	TJ4	开出 4	
29/30	TJ5	开出 5	
31/32	TJ6	开出 6	
51	KI19	开入 19	
52	KI20	开入 20	开入为外部电源 DC24 V
……	……	……	
60	KI28	开入 28	
61	KI29	开入 29	
62	COM	开入公共端（负）	DC24 VG
63	KI30	开入 30	
64	KI31	开入 31	开入为外部电源 DC24 V
……	……	……	
68	KI35	开入 35	
69	KI36	开入 36	
70	COM	开入公共端（负）	DC24 VG
71	KI37	开入 37	
72	KI38	开入 38	开入为外部电源 DC24 V
……	……	……	
80	KI46	开入 46	
81	KI47	开入 47	
82	COM	开入公共端（负）	DC24 VG

表 5.10　B08_AMP 功放插件定义

端子编号	端子符号	端子定义	备注
1	PWR（＋）	直流电源+/交流输入 L	
2	NC		电源输入
3	PWR（-）	直流电源-/交流输入 N	
4	NC		
5	COM	公共	公共端

续表

端子编号	端子符号	端子定义	备注
6	失电	失电	遥信开出
7	NC		
8	FG	接地	
9	IOUT	极性端	电流输出
10	IOUTN	非极性端	
11	NC		
12	UIN	极性端	电压输入
13	UINN	非极性端	
14	NC		
15	NC		
16	NC		

4．装置操作说明

1）指示灯说明

"运行"灯为绿色，装置正常运行时闪烁，装置闭锁时熄灭。

"报警"灯为黄色，当发生报警时点亮。

"PT 断线"灯为黄色，当发生电压回路断线时点亮。

"动作"灯为红色，当补偿输入时点亮，在信号复归后熄灭。

"备用"灯 1。

"备用"灯 2。

2）液晶显示说明

人机界面基于触摸屏平台，具有 1024*680 点阵的 10.1 寸液晶显示屏，1677 万真彩界面。装置提供统一的人机交互界面，包括采样显示、报告显示、定值设置、装置设置、用户调试和版本信息等功能，使用菜单弹出对话框方式选择各种功能。

3）菜单使用说明

在主画面状态下，通过触摸按键可进入主菜单，并选择子菜单，菜单采用如图 5.9

的树形目录结构。

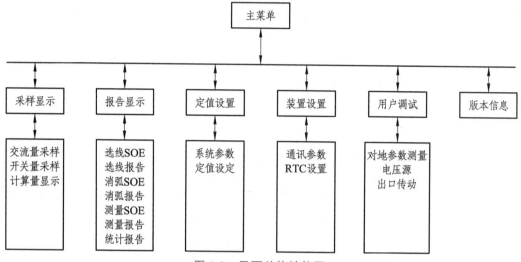

图 5.9　界面总体结构图

采样显示：本菜单主要用来显示装置电流电压实时采样值、开关量状态和计算量，全面地反映了装置运行状态。触摸屏上所显示被测量的显示值需与实际运行数据情况一致，只有在此前提下，才能确保装置正确工作，因此建议投运前，需对这些被监测量进行检查。

报告显示：本菜单显示选线 SOE、选线报告、消弧 SOE、消弧报告、测量 SOE、测量报告和统计报告。装置具备掉电保持功能，不管断电与否，均能记忆上述报告128 次。

定值设置：本菜单可查看装置的系统定值和保护定值，并通过触摸屏上软键盘对定值进行修改。按"确认"键完成定值修改。

注：查看定值无需密码，修改定值需要密码。

装置设置：装置设置包括通信参数设置和 RCT 设置。

注：查看设置无需密码，修改设置需要密码。

用户调试：辅助调试功能用于厂家生产调试或现场检验。调试内容包括对地参数测量、电压源调试、出口传动。所有测试均带密码保护，同时装置对这些操作进行记录以便事后分析。

版本信息：装置液晶界面可显示装置软件版本信息。

5.1.7　定值内容及整定说明

装置定值包括设备参数定值、保护定值和通信参数定值。

（1）系统整定说明如表 5.11～表 5.13 所示。

表 5.11　选线装置系统参数表

序号	名称	整定范围	备注
1	额定电压（V）	0～65 535 V	
2	主从机设置	单机，主机，从机	
3	母线 PT 变比	0～999	
4	中性点 PT 变比	0～999	
5	母线接地方式	不接地，消弧线圈，电阻	
6	线路#01 名称	0～9999	
……	……	……	……
29	线路#24 名称	0～9999	
30	线路#01 母线	1#，2#	
……	……	……	
53	线路#24 母线	1#，2#	
54	零序电流板 1#	1#电压，2#电压	
……	……	……	
57	零序电流板 4#	1#电压，2#电压	
58	零序电流板 1# PT 变比	0～9999	
……	……	……	……
62	零序电流板 4# PT 变比	0～9999	
63	线路#01CT 变比	1～200	
……	……	……	……
86	线路#24CT 变比	1～200	
87	线路#01CT 极性	0，1	0：正；1：负
……	……	……	……
110	线路#24CT 变比	0，1	0：正；1：负
111	线路#01CT 特性	0，1#，2#，3#	
……	……	……	……
134	线路#24CT 变比	0，1#，2#，3#	

表 5.12　消弧装置系统参数表

序号	定值名称	整定范围	备注
1	主从机设置	单机，主机，从机	
2	系统额定电压	1000 ~ 35000 V	
3	母线 PT 变比	1 ~ 9999	
4	中性点 PT 变比	1 ~ 9999	
5	注入变比	1.00 ~ 99.99	
6	消弧线圈 CT 变比	1 ~ 9999	
7	注入变 CT 变比	1 ~ 9999	
8	电容电流 CT 变比	1 ~ 9999	
9	UPS 电压源 CT 变比	1 ~ 9999	
10	挡位 01 电流	0.0 ~ 999.9 A	
……	……	……	……
49	挡位 30 电流	0.0 ~ 999.9 A	
50	总挡位数	0 ~ 30	
51	挡位编码	直连，十六进制码，BCD 编码	
52	告警低挡位	0 ~ 30	
53	告警高挡位	0 ~ 30	
54	禁止调挡高电压	0.10 ~ 99.99 V	
55	禁止调挡低电压	0.10 ~ 99.99 V	

表 5.13　系统测量参数表

序号	定值名称	整定范围	备注
1	中性点额定电压	5 ~ 60 000 V	
2	注入 TV 变比	0.00-655.35	
3	反馈 TV 变比	0.00-655.35	

（2）定值整定说明如表 5.14 ~ 表 5.16 所示。

表 5.14　选线装置定值表

序号	定值名称	整定范围	备注
1	TV 板启动零压	0.10～99.99 V	
2	LINE#1 板启动零压	0.10～99.99 V	
3	LINE#2 板启动零压	0.10～99.99 V	
4	LINE#3 板启动零压	0.10～99.99 V	
5	选线投入	0，1	0：退出；1：投入

表 5.15　消弧装置定值表

序号	定值名称	整定范围	备注
1	启动零序电压	0.10～99.99 V	
2	单相接地判断时延	0.02～99.99 V	
3	瞬时故障退出时延	0.00～99.99 s	
4	故障消失判断间隔	1～9999 s	
5	补偿时延	0～9999 s	
6	故障选相	0，1	0：退出；1：投入
7	电压源投入	0，1	0：退出；1：投入
8	消弧线圈补偿度	过补偿，自动测量	
9	线路拉闸退出	0，1	0：退出；1：投入
10	电容器组投入	0，1	0：退出；1：投入
11	阻尼电阻投切	0，1	0：退出；1：投入

表 5.16　对地参数测量定值表

序号	定值名称	整定范围	备注
1	测量模式	手动，自动	
2	自动测量间隔时间	0～60 000 min	
3	启动测量电压变化量	0.00～200.00 V	
4	禁止测量电压	0.05～200.00 V	
5	调档模式	手动，自动	
6	调档脱谐度（差流）	-99.9～99.9%（A）	

（3）通信参数整定说明如表 5.17 和表 5.18 所示。

表 5.17　选线装置通信参数表

序号	定值名称	整定范围	备注
1	后台 RS485 波特率	1 200, 2 400, 4 800, 9 600, 19 200	
2	后台 RS485 奇偶校验	无校验，奇校验，偶校验	
3	后台 RS485 停止位	1 位，2 位	
4	后台 RS485 设备地址	1～255	
5	主从 RS485 波特率	1 200, 2 400, 4 800, 9 600, 19 200	
6	主从 RS485 奇偶校验	无校验，奇校验，偶校验	
7	主从 RS485 停止位	1 位，2 位	
8	主从 RS485 主机数据	1～9999	

表 5.18　消弧装置通信参数表

序号	定值名称	整定范围	备注
1	后台 RS485 波特率	1 200, 2 400, 4 800, 9 600, 19 200	
2	后台 RS485 奇偶校验	无校验，奇校验，偶校验	
3	后台 RS485 停止位	1 位，2 位	
4	后台 RS485 设备地址	1～255	
5	主从 RS485 波特率	1 200, 2 400, 4 800, 9 600, 19 200	
6	主从 RS485 奇偶校验	无校验，奇校验，偶校验	
7	主从 RS485 停止位	1 位，2 位	
8	主从 RS485 主机数据	0.01～99.99	

注：① 通信地址：指后台通信管理机与本装置通信的地址。
　　② 串口 1/串口 2 波特率：只可在所列波特率数值中选其一数值整定。

5.2　补偿系统容量、漏抗、直流电阻等关键参数确定

1. 补偿系统容量

ZNy11-Dyn7 电力变压器型电压源补偿成套系统容量设计时需要能够确保在各种复杂工况下成套装置均能满足在所设定容量正常稳定运行。

因此，针对配电网不同接地方式，对成套装置进行了不同方案设计，可满足应用于中性点不接地系统和中性点经调匝式消弧线圈接地系统。

（1）中性点不接地系统

中性点不接地系统发生单相接地时，流经故障点的电流主要是系统电容电流（一般小于 10 A），同时还有少量的阻性电流及谐波电流。发生单相接地故障，ZNy11-Dyn7 电力变压器型电压源补偿成套装置投入，可实现接地故障点电流的全补偿，补偿功率为

$$S = U_\varphi^2 Y_0 = U_\varphi^2 (G_0 + j\omega C_0) \tag{5.1}$$

式中：U_φ 为相电压；C_0 为系统对地电容；G_0 为系统对地泄漏电导。

根据设计经验，考虑设计冗余，成套装置设计容量不小于 $S_x = 1.35 I_c U_\varphi$，I_c 为系统电容电流；其次，可在站内新增 10 kV 接地变压器间隔或者从线路引 10 kV 电缆接入成套装置。

当取配电网最大电容电流为 200A 时，考虑设计冗余，可得补偿成套装置设计容量 S_x 为：

$$S_x = 1.35 I_c U_\varphi = 1.35 \times 200 \times \frac{10\ 000}{\sqrt{3}} = 1558.8\ \text{kVA} \tag{5.2}$$

（2）中性点经调匝式消弧线圈接地系统

ZNy11-Dyn7 电力变压器型电压源补偿成套装置可与调匝式消弧线圈配合使用，接入同一个中性点，与消弧线圈并联运行，消弧线圈补偿系统电容电流，ZNy11-Dyn7 电力变压器型电压源补偿成套装置补偿流经故障点的残流，主要包括消弧线圈过补偿的电流、阻性电流及谐波电流，实现接地故障点电流的全补偿，补偿功率为

$$S = U_\varphi^2 Y_0 = U_\varphi^2 \left(G_0 + j\omega C_0 + \frac{1}{j\omega L} \right) \tag{5.3}$$

式中：U_φ 为相电压；C_0 为系统对地电容；G_0 为系统对地泄漏电导；L 为消弧线圈的调谐电感。

同样当取配电网最大电容电流为 200A 时，系统过脱谐度 ν 取 10%，考虑设计冗余，可得补偿成套装置设计容量 S_x 为：

$$S_x = 1.35 I_c U_\varphi |\nu| = 1.35 \times 200 \times \frac{10\ 000}{\sqrt{3}} \times 0.1 = 155.88\ \text{kVA} \tag{5.4}$$

因此，由式（5.4）可知，对于电容电流较大的系统，ZNy11-Dyn7 电力变压器型电压源补偿成套装置与调匝式消弧线圈配合使用，可大大减小 ZNy11-Dyn7 电力变压器型电压源补偿成套装置的设计容量，节省造价成本，便于推广。根据设计经验，成套装置设计容量不小于 2 倍最大消弧线圈档位电流差即可。成套装置具备对地参数测量和调控消弧线圈功能，原消弧线圈可由成套装置进行调控，以便调节消弧线圈在合适档位，保证补偿容量不超过成套装置的设计容量；若需补偿容量超过成套装置的设计容量，成套装置闭锁投入，发告警信号，并将信号上传至后台监控平台。

2. 漏 抗

实际变压器中，磁通不可能全按铁芯所规定的磁路流动，因此存在漏磁通，从而在变压器内存在漏抗，当电流经过时，将产生自动电动势，引起自感压降。

因此，由于 ZNy11 变压器及 Dyn7 变压器漏抗的存在，会使零序电压调控精确度受到影响，进而影响接地故障时 ZNy11-Dyn7 电力变压器型电压源的补偿效果。因此，为确保 ZNy11-Dyn7 电力变压器型电压源在接地故障时的补偿效果，有必要对补偿系统漏抗值进行分析设计。

由第二章中内容可知，可得考虑变压器漏阻抗时故障相电压表达式为：

$$\dot{U}'_C = \frac{\dot{U}_{in}}{1 + Z_{T10}\left(Y_0 + \frac{1}{3R_f}\right)} + \frac{\dot{E}_C}{1 + 1/\left(3R_f Y_0 + \frac{3R_f}{Z_{T10}}\right)} \tag{5.5}$$

由式（5.5）可知，漏抗值取值变化会影响故障相电压大小。

为了分析漏抗值对故障残压影响，设置变压器漏抗取值范围为 0.06 ~ 0.1（pu），从而得到不同接地方式下 ZNy11-Dyn7 电力变压器型电压源输出电压 U_{in} 仿真值与实际值如图 5.10 所示。由图 5.10 可知，对于与含消弧线圈补偿系统相比，不含消弧线圈补偿系统输出电压降低，说明故障相残压 $\dot{U}'_C$ 会较高，因此，故障抑制能力与含消弧线圈补偿系统相比较弱。

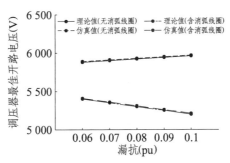

图 5.10　不同漏抗（pu）下补偿装置输出电压

结合式（5.5）及图 5.10 分析可知：

（1）接地电阻较大时漏抗变化对最大残压值影响较小；

（2）对于金属性接地，随着 ZNy11、Dyn7 变压器漏抗的增大，残流随之明显减小；

（3）通过合理设计增大 ZNy11、Dyn7 变压器的漏抗值，可以提升整个补偿系统的故障电流抑制能力，且对含消弧线圈系统残流抑制效果更佳。

因此，为了提升整个补偿系统的故障电流抑制能力，实现故障电流精细补偿，可将 ZNy11-Dyn7 电力变压器型电压源补偿成套系统与消弧线圈搭配使用，并在不影响装置工作效果前提下合理设计增大变压器和调压器漏抗值。

3．直流电阻

变压器直流电阻是指给元件通上直流电，所呈现出的电阻，即元件固有的静态电阻，包括相电阻与线电阻，与变压器绕组长度、电阻率等因素有关。

当变压器直流线电阻平衡时，即 $R_{AB} = R_{BC} = R_{CA}$ 时，直流相电阻与线电阻之间存在以下换算关系：

Y 接线：$R_{相} = R_{线}/2$；

△接线：$R_{相} = 3R_{线}/2$。

当变压器直流线电阻不平衡时：

Y 接线：

$$R_\mathrm{a} = (R_\mathrm{AB} + R_\mathrm{CA} - R_\mathrm{BC})/2$$
$$R_\mathrm{b} = (R_\mathrm{AB} + R_\mathrm{BC} - R_\mathrm{CA})/2 \qquad (5.6)$$
$$R_\mathrm{c} = (R_\mathrm{BC} + R_\mathrm{CA} - R_\mathrm{AB})/2$$

Y 接线：

$$R_\mathrm{a} = (R_\mathrm{CA} - R_\mathrm{p}) - \frac{R_\mathrm{AB} R_\mathrm{BC}}{R_\mathrm{CA} - R_\mathrm{p}}$$

$$R_\mathrm{b} = (R_\mathrm{AB} - R_\mathrm{p}) - \frac{R_\mathrm{BC} R_\mathrm{CA}}{R_\mathrm{AB} - R_\mathrm{p}} \qquad (5.7)$$

$$R_\mathrm{b} = (R_\mathrm{BC} - R_\mathrm{p}) - \frac{R_\mathrm{AB} R_\mathrm{CA}}{R_\mathrm{BC} - R_\mathrm{p}}$$

式中： $R_\mathrm{p} = \dfrac{R_\mathrm{AB} + R_\mathrm{BC} + R_\mathrm{CA}}{2}$ 。

实际情况下变压器相、线电阻大小易受多重因素影响，大多处于不平衡情况，主要影响因素包括：

（1）变压器的分接开关接触不良；

（2）测试电流过小；

（3）温湿度对直流电阻有影响；

（4）绕组的松紧，匝数错误等；

（5）导线的直流电阻与导线直径的平方成反比，直径细的导线相对误差大；

（6）焊点是否光滑无毛刺，以及温度、气压等条件的影响。

由于变压器绕组直流电阻能反映变压器的绕线焊接质量、分接开关接触不良、绕组或引出线断线以及绕组层间和匝间短路等缺陷，因此变压器直流电阻测试是出厂、交接和预防试验的基本项目之一，也是变压器出现故障后的重要检查项目。

因此为了确保变压器能够长期稳定运行,变压器直流电阻需满足试验规范与标准。若直流电阻不满足标准时，将对 ZNy11-Dyn7 电力变压器型电压源补偿成套装置造成严重危害，进而影响接地故障补偿效果：

（1）直流电阻不合格容易造成电压不对称，造成零序电流过大，局部温升高；

（2）会造成相与相之间产生环流，增大自身的损耗，铜损和铁损变大；

（3）加速设备的更换频率，增加设备的维护成本；

（4）当负载变化，中性点流过不平衡的电流容易造成中性点电流过大。由工艺上缺陷、接头处接触不良等原因造成的三相变压器直流电阻不平衡往往会带来严重后果，轻则造成局部发热，重则烧毁变压器。

因此，为保障变压器安全运行，在 DL/T 596-2021《电力设备预防性试验规程》中规定了变压器的不平衡率的限值：1600 kVA 以上的变压器，相间电阻差别不大于三相平均值的 ±2%，线间电阻差别一般不大于三相平均值的 ±1%；1 600 kVA 及以下的变压器，相间电阻差别不大于三相平均值的 ±4%，线间电阻差别一般不大于三相平均值的 ±2%。

结合 ZNy11-Dyn7 电力变压器型电压源补偿成套系统容量一般小于 1 600 kVA，因此 ZNy11-Dyn7 双变压器各绕组相间电阻差别不大于三相平均值的 ±4%，线间电阻差别一般不大于三相平均值的 ±2%。

第6章 ZNy11-Dyn7 电力变压器型电压源补偿成套装置性能测试

为了验证 ZNy11-Dyn7 电力变压器型电压源补偿技术的灭弧性能，本章在 10 kV 真型配电网实验场，对所研制的 ZNy11-Dyn7 电力变压器型电压源补偿成套装置样机开展了全方面、多工况的灭弧性能测试验证与试运行，主要测试内容包括：① 不同故障类型、故障设备下灭弧性能；② 电力变压器型电压源接地装置不同接地方式等效性能；③ 选相失败条件下的零序电流变化及对配电系统的冲击情况。

6.1 不同接地故障类型下 ZNy11-Dyn7 电力变压器型电压源灭弧性能测试

6.1.1 经接地极接地故障

为更真实地模拟实际金属性接地故障情形，设置导线直接接触金属扁体接地极情况如图 6.1 所示，将金属接地极插入地下一米左右深度，将其视为大地接地阻抗值。

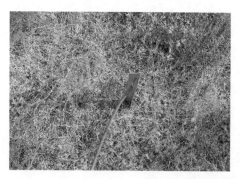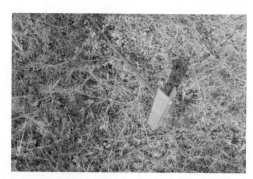

图 6.1 导线直接接触金属扁体接地极

接地极与泥土地接触如图 6.2 所示，接地体与泥土存在接触间隙，为防止空气间隙的大小造成接触的不充分，从而影响接触电阻的变化，在接地极安装过程中尽量保持充分接触工况。

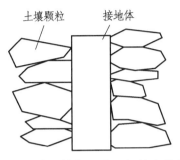

图 6.2　接地体与土壤之间的点接触

土壤接地极过渡电阻曲线如图 6.3 所示，接地极在 5.77 kV 相电压放电条件下，接地过渡电阻稳定在 15.7 Ω，可近似模拟金属性单相接地故障情况。

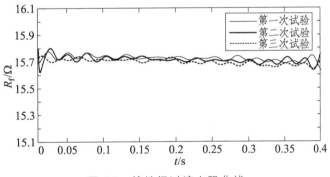

图 6.3　接地极过渡电阻曲线

经接地极接地故障实验场景下，得到电力变压器型电压源补偿成套装置灭弧性能测试结果如表 6.1 和图 6.4 所示。

表 6.1 电力变压器型电压源补偿成套装置金属性接地故障测试数据

经接地极接地故障试验（永久性）			
故障前系统电压/V	U_a:6280.7	U_b:6365.51	U_c:6316.05 $3U_0$:165.93
故障线路	长真电容 5 线		
故障相	B		
选线结果	√		
选相结果	√		
抑制时间/ms	40		
故障类型判断正确性	√		
是否符合预设逻辑	√		
是否损坏系统元件	√		
跨步电压/V	0.67		
PT 中性点电流/A	<1.5		
故障点电压/V	57.3		
故障点电流/mA	30		
暂态过电压是否满足要求	√		

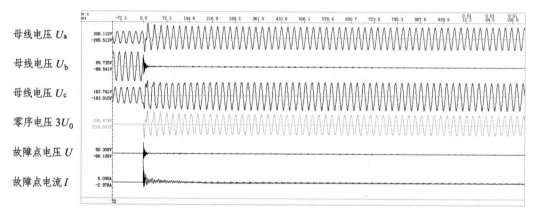

图 6.4 B 相接地极接地故障过程

6.1.2　导线掉湿泥土地接地故障

设置导线掉湿泥土地接地故障场景如图 6.5 所示，将导线插入湿泥土地中，将导线外皮剥落形成导线裸露，使土壤与导线充分接触。

图 6.5　线路经户外干、湿泥土地接地电阻测量

湿泥土地接地故障过渡电阻变化曲线如图 6.6 所示，由图可知，经湿泥土地接地故障时过渡电阻为 100 ~ 200 Ω。

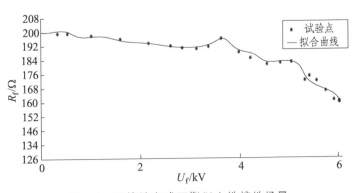

图 6.6　不接地方式下湿泥土地接地场景

为测试在湿泥土地接地故障下电力变压器型电压源补偿装置灭弧性能，进行了相关试验，得到经湿泥土地接地故障时电力变压器型电压源补偿成套装置灭弧性能测试结果如表 6.2 和图 6.7、图 6.8 所示。

表 6.2　电力变压器型电压源补偿成套装置经湿泥土地故障试验数据

湿泥土地接地故障试验				
故障前电压/V	U_a:6193.21	U_b:6199.25	U_c:6290.3	$3U_0$:165.9
故障线路	长真电容 5 线			
故障类型	瞬时性故障		永久性故障	
故障相	A		B	
选线结果	√		√	
选相结果	√		√	
抑制时间/ms	90		95	
故障类型判断正确性	√		√	
是否符合预设逻辑	√		√	
是否损坏系统元件	否		否	
跨步电压/V	0.59		0.5	
故障点　电压/V	157		170	
故障点　电流/mA	30		30	
PT 中性点电流/A	<1.5		<1.5	
暂态过电压是否满足要求	√		√	

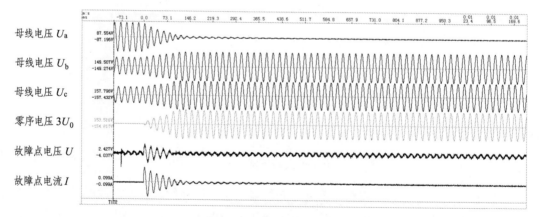

图 6.7　湿泥土地 A 相瞬时接地故障过程

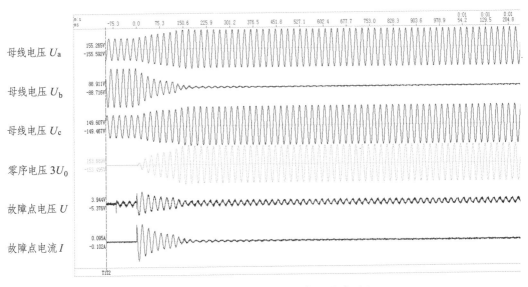

图 6.8　湿泥土地 B 相永久接地故障过程

6.1.3　导线掉沙土地接地故障

设置导线掉沙土地接地故障场景试验，分别设置干沙土与湿沙土两种常见接地介质，现场导线掉沙土地形成稳定接触试验场景如图 6.9 所示。

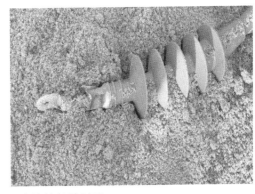

图 6.9　线路经沙土地接地故障试验

现场模拟导线掉沙土地接地故障，得到电力变压器型电压源补偿成套装置灭弧性能测试结果如表 6.3 和图 6.10、图 6.11 所示。

表 6.3 电力变压器型电压源补偿成套装置经沙土地接地故障试验数据

经干、湿沙土地接地故障试验				
故障前电压/V	U_a:6190	U_b:6221.03	U_c:6256.99	$3U_0$:167.93
故障线路	长真电容 4 线			
故障类型	永久性故障			
故障相	A（干沙土地）		B（湿沙土地）	
选线结果	√		√	
选相结果	√		√	
抑制时间/ms	95		95	
故障类型判断正确性	√		√	
是否符合预设逻辑	√		√	
是否损坏系统元件	否		否	
跨步电压/V	0.78		0.7	
故障点 电压/V	163		150	
故障点 电流/mA	10		10	
PT 中性点电流/A	<1.5		<1.5	
暂态过电压是否满足要求	√		√	

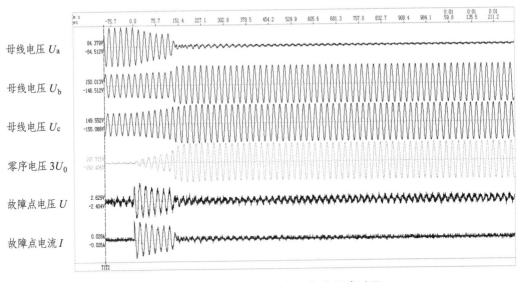

图 6.10　经湿沙土地 A 相永久接地故障过程

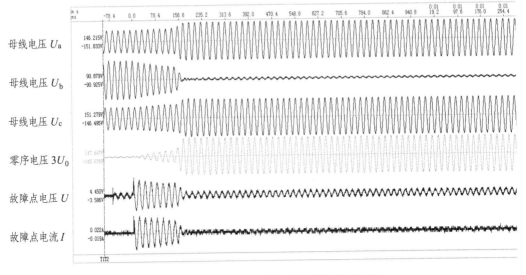

图 6.11　经干沙土地 B 相永久接地故障过程

6.1.4　树枝碰线接地故障

设置树枝碰线接地故障场景试验，分别设置活树枝与干枯树枝两种常见类型，通过裸露铝导线缠绕至树干，使得导线与树干充分接触，消除故障间隙造成的影响，形成单一控制变量，进而测试在 10 kV 配电网作用下，电力变压器型电压源补偿成套装置故障消弧效果，现场活树枝碰线稳定接触试验场景如图 6.12 所示。

图 6.12　导线经活树接地场景

保持试验条件不变，研究导线经干枯树枝接地场景，如图 6.13 所示。

图 6.13　导线经干枯树枝接地场景

导线经湿、干树枝接地故障场景下电力变压器型电压源补偿成套装置灭弧性能测试结果如表 6.4 和图 6.14 ~ 图 6.18 所示。

表 6.4　电力变压器型电压源补偿成套装置导线经树枝接地故障试验数据

导线经树枝接地故障试验				
故障前电压/V	U_a:6191.11	U_b:6190.52	U_c:6298.38	$3U_0$:171.9
故障线路	长真电容 4 线			
故障类型	瞬时性故障			永久性故障	
故障相	A	B	C	A	B
选线结果	√	√	√	√	√
选相结果	√	√	√	√	√
抑制时间/ms	220	300	300	219	290
故障类型判断正确性	√	√	√	√	√
是否符合预设逻辑	√	√	√	√	√
是否损坏系统元件	否	否	否	否	否
跨步电压/V	0.62	0.6	0.68	0.7	0.7
故障点 电压/V	180	165	173	185	190
故障点 电流/mA	<10	<10	<10	<10	<10
PT 中性点电流/A	<1.5	<1.5	<1.5	<1.5	<1.5
暂态过电压是否满足要求	√	√	√	√	√

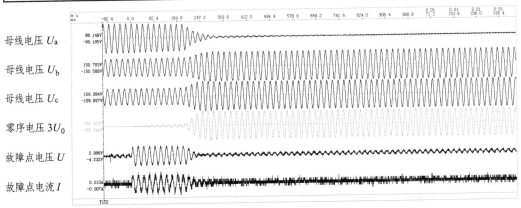

图 6.14　经湿树枝 A 相瞬时接地故障过程

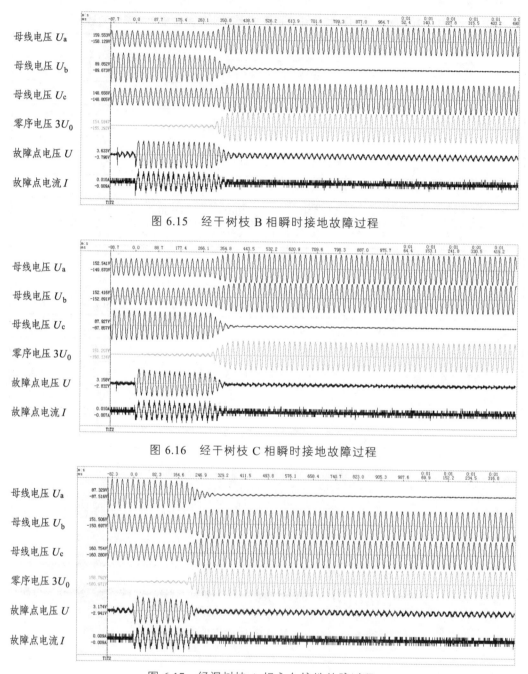

图 6.15　经干树枝 B 相瞬时接地故障过程

图 6.16　经干树枝 C 相瞬时接地故障过程

图 6.17　经湿树枝 A 相永久接地故障过程

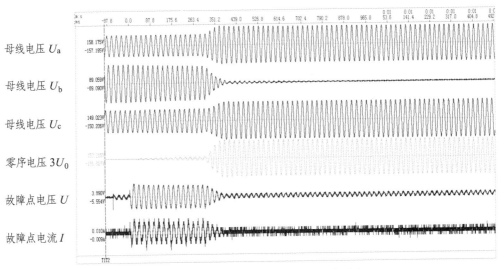

图 6.18　经干树枝 B 相永久接地故障过程

6.1.5　经水泥地、沥青地接地故障

设置导线掉水泥地与沥青地面故障场景试验，分别在厚度约为 5 cm 水泥地面与沥青地面上平整放置导线，模拟导线断线掉落水泥地或沥青后发生接地故障场景。在 10 kV 配电网试验环境，现场导线掉水泥地形成稳定接触试验场景如图 6.19 和图 6.20 所示。

图 6.19　导线掉水泥地接地场景　　　图 6.20　线路经沥青地接地试验

水泥地、沥青地接地故障场景下电力变压器型电压源补偿成套装置灭弧性能测试结果如表 6.5 和图 6.21 ~ 图 6.26 所示。

表 6.5　电力变压器型电压源补偿成套装置水泥地、沥青地接地故障试验数据

线路经水泥地、沥青地接地故障试验											
故障前电压/V	U_a:6120.33		U_b:6120.29			U_c:6299.3			$3U_0$:178.9		
故障线路	长真电容4线（水泥地）	长真电容5线（水泥地）				长真电容6线（沥青地）					
故障类型	瞬时性故障	瞬时性故障		永久性故障		瞬时性故障			永久性故障		
故障相	B	A	B	B	C	A	B	C	A	B	C
选线结果	×	√	√	√	√	√	√	√	√	√	√
选相结果	√	√	√	√	√	√	√	√	√	√	√
抑制时间/ms	240	200	260	260	240	200	260	230	200	260	240
故障类型判断正确性	√	√	√	√	√	√	√	√	√	√	√
是否符合预设逻辑	√	√	√	√	√	√	√	√	√	√	√
是否损坏系统元件	否	否	否	否	否	否	否	否	否	否	否
跨步电压/V	0.5	0.48	0.45	0.5	0.5	0.6	0.6	0.6	0.61	0.61	0.6
故障点　电压/V	255	240	230	244	230	255	250	200	210	220	230
故障点　电流/mA	<10	<10	<10	<10	<10	<10	<10	<10	<10	<10	<10
PT中性点电流/A	<1.5	<1.5	<1.5	<1.5	<1.5	<1.5	<1.5	<1.5	<1.5	<1.5	<1.5
暂态过电压是否满足要求	√	√	√	√	√	√	√	√	√	√	√

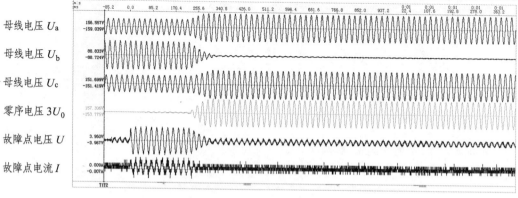

母线电压 U_a
母线电压 U_b
母线电压 U_c
零序电压 $3U_0$
故障点电压 U
故障点电流 I

图 6.21　长真 4 线 B 相经水泥地瞬时接地故障过程

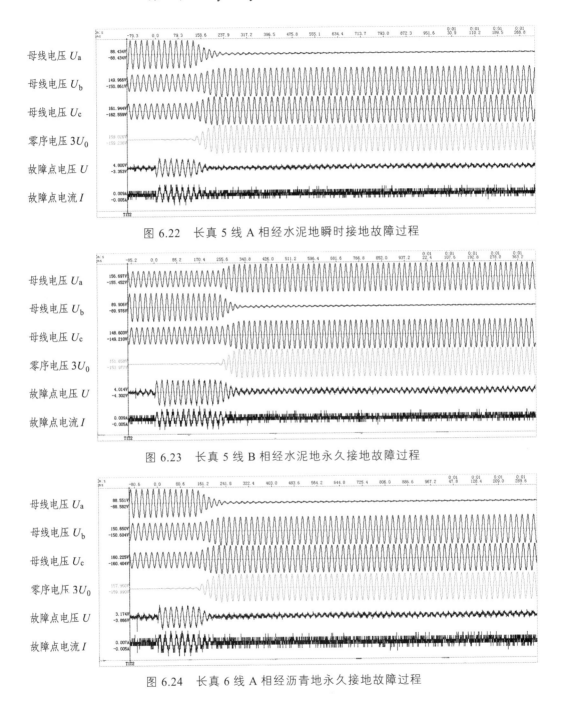

图 6.22　长真 5 线 A 相经水泥地瞬时接地故障过程

图 6.23　长真 5 线 B 相经水泥地永久接地故障过程

图 6.24　长真 6 线 A 相经沥青地永久接地故障过程

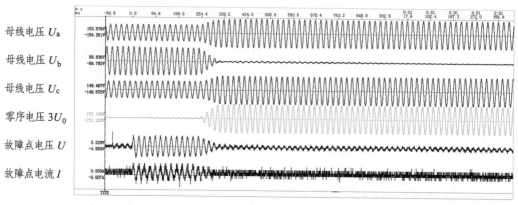

图 6.25 长真 6 线 B 相经沥青地永久接地故障过程

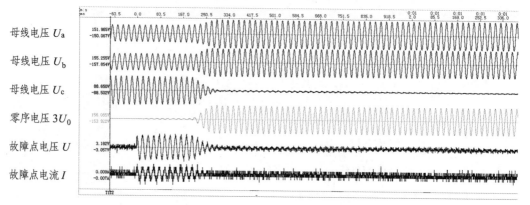

图 6.26 长真 6 线 C 相经沥青地永久接地故障过程

6.1.6 经鹅卵石接地故障

设置导线掉鹅卵石地面故障场景试验，设置厚度约为 10 cm 鹅卵石地面上平整放置导线，形成导线与鹅卵石地面充分接触，模拟导线断线掉落鹅卵石后发生接地故障场景。同时，设置两种不同颗粒度鹅卵石情况，直径大于 6 cm 与直径在 2~6 cm 的鹅卵石地面。10 kV 配电网试验环境现场导线掉鹅卵石形成稳定接触试验场景如图 6.27 所示。

图 6.27　线路经鹅卵石接地试验

线路经鹅卵石接地故障场景下电力变压器型电压源补偿成套装置灭弧性能测试结果如表 6.6 和图 6.28～图 6.31 所示。

表 6.6　电力变压器型电压源补偿成套装置经鹅卵石接地故障试验数据

故障前电压/V		U_a:6120.33		U_b:6123.09		U_c:6289.2			$3U_0$:178.9	
故障线路		长真电容 5 线（大颗粒）				长真电容 6 线（小颗粒）				
故障类型		瞬时性故障		永久性故障		瞬时性故障			永久性故障	
故障相		A	B	B	C	A	B	C	A	B	C
选线结果		√	√	√	√	√	√	√	√	√	√
选相结果		√	√	√	√	√	√	√	√	√	√
抑制时间/ms		200	260	260	240	200	260	230	200	260	240
故障类型判断正确性		√	√	√	√	√	√	√	√	√	√
是否符合预设逻辑		√	√	√	√	√	√	√	√	√	√
是否损坏系统元件		否	否	否	否	否	否	否	否	否	否
跨步电压/V		0.48	0.45	0.5	0.5	0.6	0.6	0.6	0.61	0.61	0.6
故障点	电压/V	240	230	244	230	255	250	200	210	220	230
	电流/mA	<10	<10	<10	<10	<10	<10	<10	<10	<10	<10
PT 中性点电流/A		<1.5	<1.5	<1.5	<1.5	<1.5	<1.5	<1.5	<1.5	<1.5	<1.5
暂态过电压是否满足要求		√	√	√	√	√	√	√	√	√	√

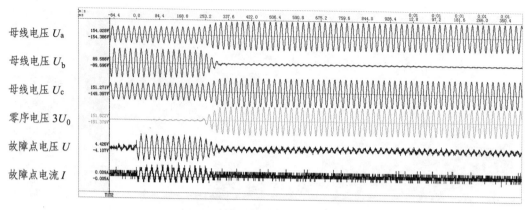

图 6.28　长真 5 线 B 相经大颗粒鹅卵石瞬时接地故障过程

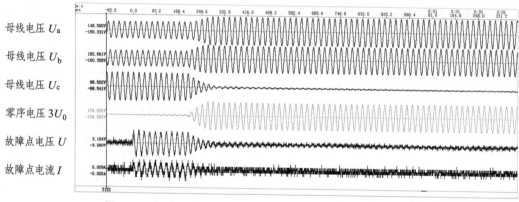

图 6.29　长真 5 线 C 相经大颗粒鹅卵石永久接地故障过程

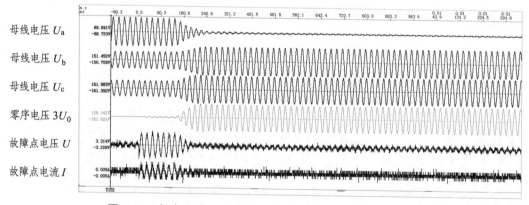

图 6.30　长真 6 线 A 相经小颗粒鹅卵石瞬时接地故障过程

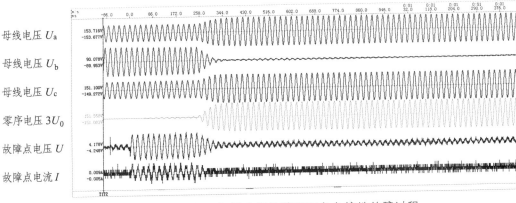

母线电压 U_a
母线电压 U_b
母线电压 U_c
零序电压 $3U_0$
故障点电压 U
故障点电流 I

图 6.31   长真 6 线 B 相经小颗粒鹅卵石永久接地故障过程

6.1.7   经电缆弧光接地故障

设置 10 kV 真型配电网实验室电缆弧光接地故障场景如图 6.32 所示。

图 6.32   电缆电弧接地故障实验现场

电缆弧光接地故障场景下电力变压器型电压源补偿成套装置灭弧性能测试结果如表 6.7 和图 6.33、图 6.34 所示。

表 6.7　电力变压器型电压源补偿成套装置电缆弧光接地故障试验数据

电缆弧光接地故障试验				
故障前电压/V	U_a:6120.88	U_b:6213.58	U_c:6259.52	$3U_0$:169.2
故障线路	长真电容 5 线			
故障类型	瞬时性故障		永久性故障	
故障相	B		B	
选相结果	√		√	
动作时间/ms	50		100	
选线结果	√		√	
故障类型判别	√		√	
是否符合预设逻辑	√		√	
是否损坏系统元件	否		否	
跨步电压/V	0.59		0.67	
故障点　电压/V	150		145	
故障点　电流/mA	10		20	
是否熄弧	√		√	
PT 中性点电流/A	<1.5		<1.5	
暂态过电压是否满足要求	√		√	

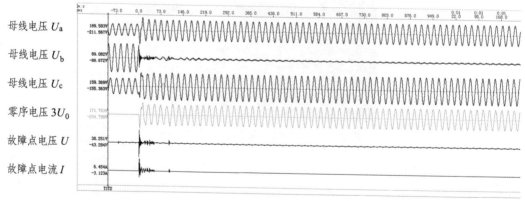

母线电压 U_a
母线电压 U_b
母线电压 U_c
零序电压 $3U_0$
故障点电压 U
故障点电流 I

图 6.33　电缆弧光瞬时接地故障过程

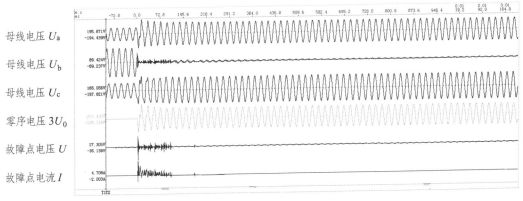

母线电压 U_a

母线电压 U_b

母线电压 U_c

零序电压 $3U_0$

故障点电压 U

故障点电流 I

图 6.34　电缆弧光永久接地故障过程

6.1.8　经不同过渡电阻、电缆断线接地故障

设置 10 kV 真型配电网实验室不同过渡电阻接地故障场景如图 6.35 所示。

图 6.35　不同过渡电阻接地故障实验现场

设置 0.1 s 发生 11 kΩ 单相接地故障，1.3 s 投入消弧装置，故障相电压在 150 ms 内降低至 100 V 以内，故障残流可控制在 1A 以内，其响应时间短、抑制效果明显，如图 6.36 和图 6.37 所示。

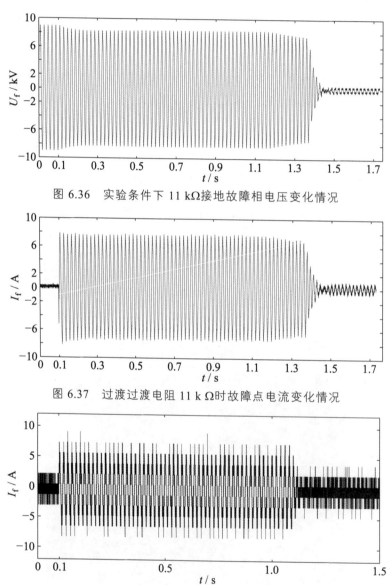

图 6.36   实验条件下 11 kΩ 接地故障相电压变化情况

图 6.37   过渡过渡电阻 11 k Ω 时故障点电流变化情况

图 6.38   电缆弧光故障实验条件下电流抑制效果

图 6.38 为电缆弧光故障条件下，故障电流抑制实验录波，当 B 相实验馈线电缆在 0.1 s 发生燃弧故障，燃弧电流可达 7 A，根据基于电力变压器型电压源的非电力电子消弧装置选相、控制指令与开关投切响应时长，在 1.0 s 消弧装置动作，中性点施加反向抑制电压并通过调压器，将故障相电压降低至燃弧电压以下，电缆弧光熄灭，故障残流限制在安全运行域内，系统恢复正常运行。

调节过渡电阻阻值大小，分别设置 666 Ω接地故障与金属性接地故障，在消弧装置正确动作下，得到如图 6.39 和图 6.40 所示故障相与故障点录波效果图。

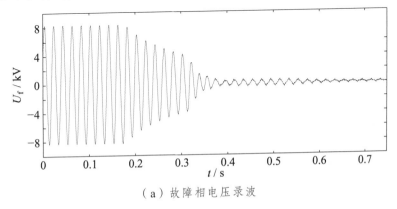

（a）故障相电压录波

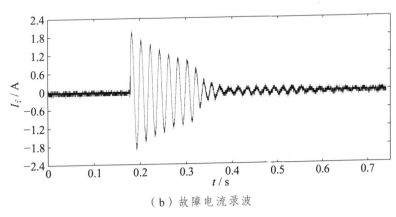

（b）故障电流录波

图 6.39　666 Ω接地故障下故障电压电流录波

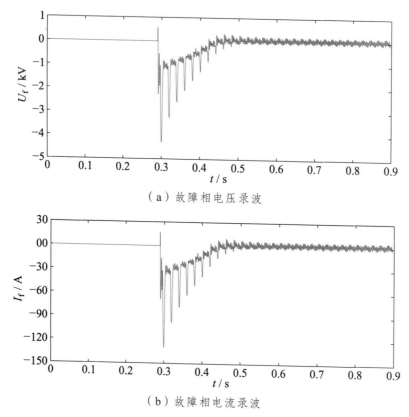

（a）故障相电压录波

（b）故障相电流录波

图 6.40　金属性故障下故障电压电流录波

现场实验图如图 6.41 所示，左图为电力变压器型电压源补偿成套设备未投入运行时，断线线缆可见明火，右图为电力变压器型电压源补偿成套设备在单相接地故障时及时投入运行，断线线缆仅存在微量弧光。

图 6.41　现场实验对比图

上述不同过渡电阻、断线接地故障实验结果表明，基于电力变压器型电压源补偿的非电力电子消弧装置能有稳定输出与对应接地故障相反向电压，有效抑制故障相电压，达到接地故障消弧的目的。

综合上述各种接地故障类型下现场测试结果可知，ZNy11-Dyn7 电力变压器型电压源补偿成套装置对于各种接地故障类型（接地极接地、导线掉沙土地、树枝碰线等等），都能可靠抑制故障相电压小于 300 V，故障残流小于 100 mA，实现故障电弧有效可靠熄灭，从根本上破坏电弧重燃条件，验证了电力变压器型电压源技术在不同故障类型、不同故障工况下的优良灭弧性能，能够有效预防山火、人身伤亡等事故发生。

此外，由上述测试结果可知，ZNy11-Dyn7 型电力变压器型电压源补偿成套装置还可实现故障相、故障线路的准确选取，瞬时性、永久性故障类型准确判别等功能。

6.2　不同接地故障设备下 ZNy11-Dyn7 电力变压器型电压源灭弧性能测试

6.2.1　环网柜接地故障

经环网柜接地故障时 ZNy11-Dyn7 电力变压器型电压源补偿成套装置灭弧性能测试结果如表 6.8 和图 6.42 所示。

表 6.8　ZNy11-Dyn7 电力变压器型电压源补偿成套装置环网柜接地故障试验数据

环网柜接地故障试验			
故障前电压/V	U_a:6193.21	U_b:6199.25	U_c:6290.3	$3U_0$:165.9
故障线路	长真电容 5 线		
故障类型	瞬时性故障	永久性故障	
故障相	A	C	
选线结果	√	√	
选相结果	√	√	
抑制时间/ms	95	95	
故障类型判断正确性	√	√	
是否符合预设逻辑	√	√	

续表

环网柜接地故障试验				
故障前电压/V	U_a:6193.21	U_b:6199.25	U_c:6290.3	$3U_0$:165.9
是否损坏系统元件	否		否	
跨步电压/V	0.63		0.5	
故障点 电压/V	159		164	
故障点 电流/mA	30		30	
PT 中性点电流/A	<1.5		<1.5	
暂态过电压是否满足要求	√		√	

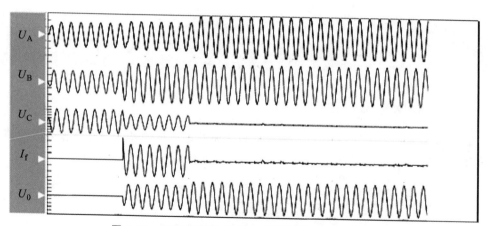

图 6.42　环网柜接地故障 C 相接地故障试验波形

6.2.2　绝缘子接地故障

经绝缘子接地故障时 ZNy11-Dyn7 电力变压器型电压源补偿成套装置灭弧性能测试结果如表 6.9 和图 6.43 所示。

表 6.9　ZNy11-Dyn7 电力变压器型电压源补偿成套装置绝缘子接地故障试验数据

绝缘子接地故障试验				
故障前电压/V	U_a:6191.52	U_b:6192.23	U_c:6297.1	$3U_0$:167.9
故障线路	长真电容 4 线			
故障类型	瞬时性故障		永久性故障	
故障相	B		A	
选线结果	√		√	
选相结果	√		√	
抑制时间/ms	300		285	
故障类型判断正确性	√		√	
是否符合预设逻辑	√		√	
是否损坏系统元件	否		否	
跨步电压/V	0.61		0.7	
故障点 电压/V	165		183	
故障点 电流/mA	<10		<10	
PT 中性点电流/A	<1.5		<1.5	
暂态过电压是否满足要求	√		√	

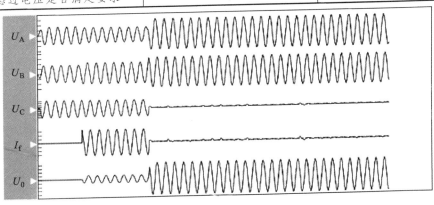

图 6.43　绝缘子接地故障 C 相接地故障试验波形

6.2.3　电缆头接地故障

经电缆头接地故障时 ZNy11-Dyn7 电力变压器型电压源补偿成套装置灭弧性能测试结果如表 6.10 和图 6.44 所示。

■ 配电网中性点 ZNy11-Dyn7 变压器型电压源接地方式及原理

表 6.10　ZNy11-Dyn7 电力变压器型电压源补偿成套装置电缆头接地故障试验数据

电缆头接地故障试验				
故障前电压/V	U_a:6191.31	U_b:6195.25	U_c:6278.6	$3U_0$:164.7
故障线路	长真电容 4 线			
故障类型	瞬时性故障		永久性故障	
故障相	A		B	
选线结果	√		√	
选相结果	√		√	
抑制时间/ms	95		95	
故障类型判断正确性	√		√	
是否符合预设逻辑	√		√	
是否损坏系统元件	否		否	
跨步电压/V	0.72		0.55	
故障点 电压/V	164		151	
故障点 电流/mA	10		10	
PT 中性点电流/A	<1.5		<1.5	
暂态过电压是否满足要求	√		√	

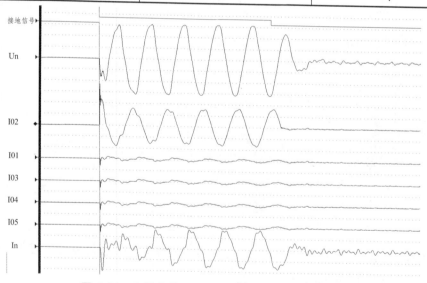

图 6.44　电缆头接地故障 C 相接地故障试验波形

6.3　电力变压器型电压源补偿成套装置不同等效接地方式下性能分析

6.3.1　等效为不接地方式

通过操作 ZNy11-Dyn7 电力变压器型电压源补偿成套装置调控系统零序电压，使得零序电压与注入电流比值为一高阻抗，进而可将电力变压器型电压源补偿装置等效为不接地方式，确保零序电压为 0。

电力变压器型电压源补偿成套装置调控零序电压进行中性点不接地方式等效后，得到 10 kV 真型配电网实验数据如表 6.11 所示，三相电压实验录波波形如图 6.45 所示。

表 6.11　调控为不接地方式时系统实验数据

参数	注入电流前	注入电流后
A 相电压幅值（V）	8210	7980
B 相电压幅值（V）	7740	7980
C 相电压幅值（V）	7260	7980
中性点电压幅值（V）	449	0
注入电流幅值（A）	无	0.25A

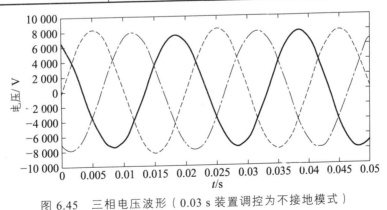

图 6.45　三相电压波形（0.03 s 装置调控为不接地模式）

由表 6.11 和图 6.45 可知，ZNy11-Dyn7 电力变压器型电压源补偿成套装置通过调控零序电压等效为中性点不接地方式后，三相电压被强制平衡，零序电压为 0，消除了配电网三相不对称因素的影响，等效并优于中性点不接地方式。

6.3.2 等效为小电阻接地方式

通过控制 ZNy11-Dyn7 电力变压器型电压源补偿成套装置调控中性点零序电压相位与故障相电势相位同相，得到 1000 ΩC 相接地故障下控制零序电压有效值为 2 kV、3 kV、4 kV，但相位与故障相电源电势相位相同时实验数据及波形如表 6.12 和图 6.46 ~ 图 6.48 所示。

表 6.12   调控零序电压相位与故障相电源电势同相

零序电压有效值/kV	零序电压相位	故障相电压		故障电流	
		调控前/kV	调控后/kV	调控前/A	调控后/A
2.00	$\theta(\dot{E}_C)$	2.46	7.77	2.12	7.77
3.00			8.77		8.49
4.00			9.77		9.90

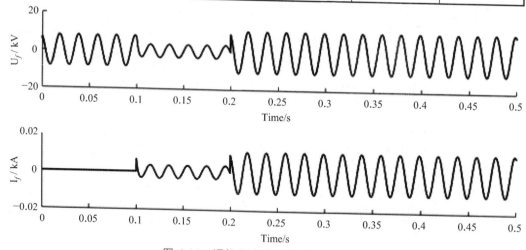

图 6.46   调控零序电压有效值为 2 kV

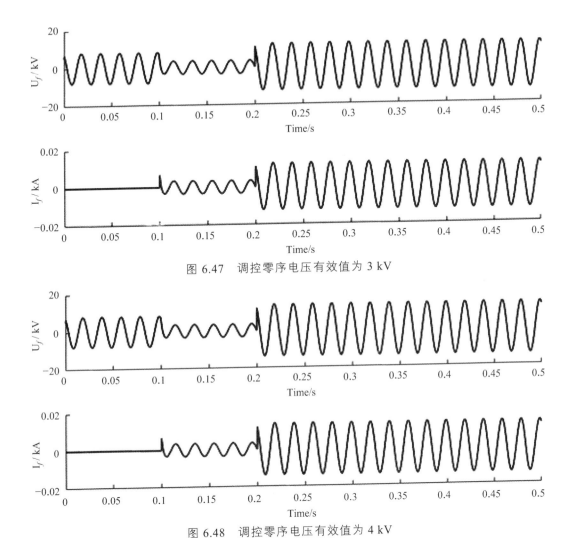

图 6.47　调控零序电压有效值为 3 kV

图 6.48　调控零序电压有效值为 4 kV

　　由上述实验结果可知，电力变压器型电压源补偿装置通过调控零序电压相位与故障相电源电势同相，可以有效增大故障电压、电流，达到了中性点小电阻接地的效果，有利于故障线路的保护与检修。

　　但与中性点经小电阻接地方式相比，小电阻接地方式的小电阻为恒值，而电力变压器型电压源补偿装置能通过调控零序电压，可等效为中性点不同电阻阻值接地效果，因此等效并优于小电阻接地方式，且不会影响系统正常运行。

6.3.3 等效为消弧线圈接地方式

ZNy11-Dyn7 电力变压器型电压源补偿成套装置消弧线圈接地等效方式方法为：通过调控中性点零序电压为故障相电势反相电压。

为验证等效为消弧线圈接地方式效果，现场模拟 6 种单相接地故障：经电阻接地故障（1 kΩ、10 kΩ、16 kΩ）、经金属接地故障、经泥土地断线弧光和经水泥地断线弧光实验，经电阻接地实验接线示意如图 6.49，经泥土地断线弧光接地实验接线示意如图 6.50 所示。

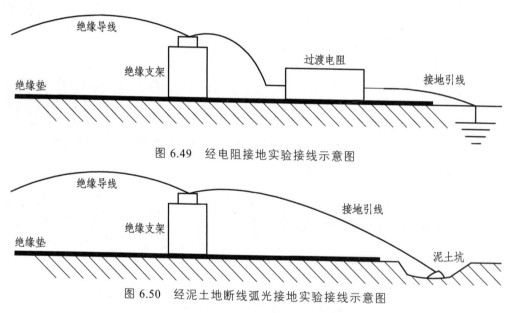

图 6.49 经电阻接地实验接线示意图

图 6.50 经泥土地断线弧光接地实验接线示意图

经电阻接地现场如图 6.51 所示，经泥土地断线弧光接地现场如图 6.52 所示。

图 6.51　16 kΩ过渡电阻接地现场图　　　图 6.52　泥土地断线弧光接地现场图

　　每种工况分别在装置退出、投入两种情况下进行,共进行 19 次单相接地模拟实验。实验项目如表 6.13 所示,实验波形如图 6.53 ~ 图 6.56 所示,实验数据如表 6.14 ~ 表 6.16 所示。

表 6.13　人工模拟单相接地实验

序号	实验类型	装置退出次数	装置投入次数
1	经 1 kΩ电阻接地	2	2
2	经 10 kΩ电阻接地	3	1
3	经 16 kΩ电阻接地	1	1
4	经金属接地	2	2
5	经泥土地断线弧光	1	1
6	经水泥地断线弧光	0	3

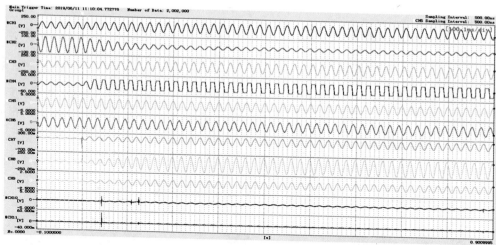

图 6.53　经 1 kΩ 电阻 B 相接地，装置退出站内故障波形

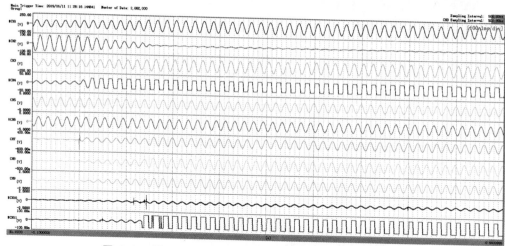

图 6.54　经 1 kΩ 电阻 B 相接地，装置投入站内故障波形

表 6.14　1 kΩ 电阻接地实验数据

	A 相电压/V	B 相电压/V	C 相电压/V	中性点电压/V	故障点电流/A	响应时间
正常态	6 196.0	5 657.0	5 841.0	304.0	无	无
故障态	6 607.0	4 948.0	6 440.0	997.0	6.1	无
补偿后	10350.0	210.0	10550.0	6110.0	0.15	150 ms

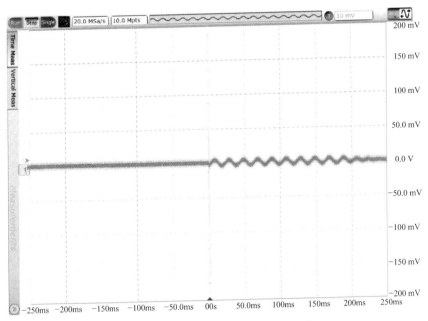

图 6.55　16 kΩ电阻接地故障点电流

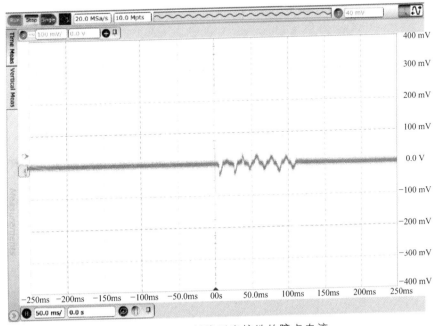

图 6.56　泥土断线弧光接地故障点电流

表 6.15　经 16 kΩ电阻接地实验数据

	A 相电压/V	B 相电压/V	C 相电压/V	中性点电压/V	故障点电流/A	响应时间/ms
正常态	6270.0	5740.0	5920.0	310.0.0	无	无
故障态	6386.0	5451.0	6152.0	530	0.34	无
补偿后	10340.0	230.0	10550.0	6110.0	0.02	220

表 6.16　经泥土地断线弧光接地实验数据

	A 相电压/V	B 相电压/V	C 相电压/V	中性点电压/V	故障点电流/A	响应时间
正常态	6 297.0	5 744.0	5 934.0	311.0	无	无
故障态	8 180.0	2 430.0	8 150.0	3 520.0	0.72	无
补偿后	10 330	230.0	10 530.0	6 090	0.03	220

根据上述实验数据可知，对于不同单相接地故障工况，电力变压器型电压源补偿装置投入调控零序电压为故障相电源电势反向电压时，可以有效抑制故障电压、电流，故障相电压小于 300 V，故障电流抑制到 mA 级，接地故障电流几乎得到全补偿，大大提高了配电网供电可靠性，减少了人身安全事故和停电风险。因此，该方式等效并优于消弧线圈接地方式。

6.4　电力变压器型电压源补偿成套装置选相失败条件下零序电流、故障电流分析

为研究电力变压器型电压源补偿装置接地故障相判别错误补偿时的零序电流及故障点电流变化，及对配电系统冲击的影响，在 10 kV 真型配电网中设置长集中电容 4 线在 0.1 s 时在 C 相发生单相金属性接地故障，故障选相错选为 B 相，装置在 0.25 s 时进行补偿，调节 B 相电压后，中性点电流 I_0 幅值约为 557A，故障点电流 I_f 幅值约为 558A，提取处理故障录波数据，得到中性点电流与故障点电流幅值如图 6.57 所示。

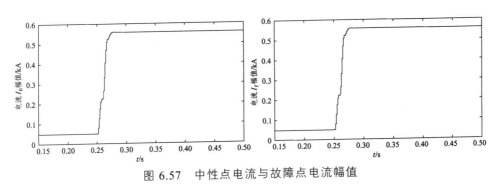

图 6.57　中性点电流与故障点电流幅值

　　而当主动干预故障相转移装置选相失败时（转移相限流电阻为 0.1 Ω），设置与电力变压器型电压源补偿成套装置同样的接地故障条件，提取处理故障录波实验数据，得到调节 B 相电压后中性点电流 I_0 和故障点电流 I_f 幅值如图 6.58 所示，中性点电流 I_0 幅值约为 48.45 kA，故障点电流 I_f 幅值约为 48.43 kA。

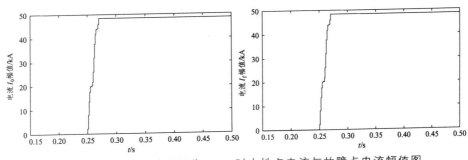

图 6.58　转移相限流电阻为 0.1 Ω时中性点电流与故障点电流幅值图

　　在主动干预故障相转移装置基础上再次设定 0.1 s 时在 C 相发生单相金属性接地故障，故障选相错选为 B 相，装置在 0.25 s 时进行故障相转移，其转移相限流电阻为 1 Ω，提取处理故障录波实验数据，得到调节 B 相电压后中性点电流 I_0 和故障点电流 I_f 幅值如图 6.59 所示，中性点电流 I_0 幅值约为 9.37 kA，故障点电流 I_f 幅值约为 9.39 kA。

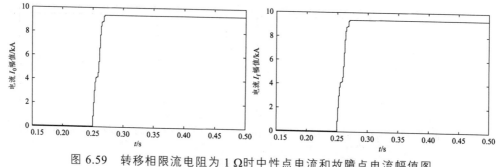

图 6.59　转移相限流电阻为 1 Ω时中性点电流和故障点电流幅值图

在主动干预故障相转移装置基础上再次设定 0.1 s 时在 C 相发生单相金属性接地故障，故障选相错选为 B 相，装置在 0.25 s 时进行故障相转移，其转移相限流电阻为 10 Ω，提取处理故障录波实验数据，得到调节 B 相电压后中性点电流 I_0 和故障点电流 I_f 幅值如图 6.60 所示，中性点电流 I_0 幅值约为 1.03 kA，故障点电流 I_f 幅值约为 1.01 kA。

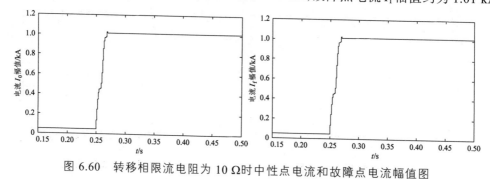

图 6.60　转移相限流电阻为 10 Ω时中性点电流和故障点电流幅值图

从实验数据分析可以看到，在选错相的情况下，故障相转移消弧装置在转移相限流电阻分别为 0.1 Ω、1 Ω和 10 Ω三种情况下产生的接地故障电流分别比 ZNy11-Dyn7 电力变压器型电压源补偿成套装置选错相产生的零序电流、接地故障电流大 86.8 倍、6.8 倍和 1.8 倍，实验数据如表 6.17 所示。

表 6.17　故障相转移消弧装置与电力变压器型电压源补偿成套装置
零序电流、故障点电流幅值对比

消弧系统名称	转移相接地限流电阻/Ω	零序电流	故障点电流幅值/kV
故障相转移消弧装置	0.1	48.45/kA	48.43
	1	9.37/kA	9.39
	10	1.03/kA	1.01
电力变压器型电压源补偿成套装置	——	0.557A	0.558

因此，由表 6.17 可以看出，当接地故障相出现错判时，电力变压器型电压源补偿成套装置较故障相转移消弧装置而言，零序电流与接地故障电流均相对较小，故对配电系统冲击影响也更小，不会造成系统设备损坏情况，系统能够可靠稳定运行。

6.5　电力变压器型电压源补偿成套装置降压调节能力与电缆弧光阈值电压测试试验分析

为进一步考察电力变压器型电压源接地故障相降压消弧原理的正确性及接地故障电弧的零休特性，在 10 kV 真型配电网实验室搭建了配电网单相接地故障降压消弧模型，开展接地故障降压消弧实验，并进行电缆弧光阈值电压测试，分别进行了电缆瞬时受损、受损电缆电压逐渐升高和受损电缆电压逐渐降低实验。

人为破坏 10 kV 电缆铠装及绝缘层，以模拟电缆线路因绝缘劣化导致的弧光故障。向配电网接地变引出的系统中性点注入幅值、相位可控电流，灵活调控配电网中性点电压，控制故障相电压逐渐由额定电压降低至零，检测中性点电压与接地故障工频电流的幅值有效值变化趋势如图 6.61 和图 6.62 所示，控制中性点注入电流逐渐增大，中性点电压随之升高，故障相电压则逐渐降低。

当故障相电压有效值高于 1.4 kV（约 24%相电压）时，即便故障电流持续降低，但故障电弧依然重燃，燃弧情况如图 6.63（a）所示。当故障相电压幅值有效值低于 1.4 kV 时，此时故障电压受到大幅抑制，根据电弧零休特性，故障电压恢复速度将小于绝缘恢复速度，因此检测到接地故障电流消除，故障电弧熄灭，如图 6.63（b）所示。

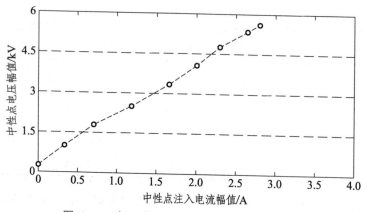

图 6.61 降压消弧过程中性点电压变化趋势

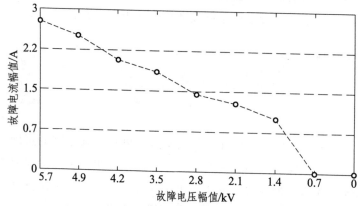

图 6.62 降压消弧过程故障电流变化趋势

（a）电缆故障燃弧　　　　　　　　（b）电缆故障熄弧

图 6.63 电缆电弧故障降压实验

　　图 6.64 和图 6.65 分别展示了电缆受损瞬时加压、受损电缆电压逐渐升高和受损电缆电压逐渐降低实验时，故障相电压与接地故障电流的检测波形，母线电压互感器变比 $n = 100$，故障点电流互感器变比 $n = 1$。试验结果如下：

　　电力电缆带电正常运行时，实验室模拟相对地 5.7 kV，电缆在外力破坏下绝缘受损，放电波形如图 6.64 所示。可以看出，系统正常运行时，电缆绝缘受损时立刻发生弧光放电，随着电弧电压方向的交替变换，故障点恢复电压低于电弧燃烧的电压阈值时，电弧熄灭，当故障点电流经零休时刻后，恢复电压高于电弧燃烧的电压阈值时，电弧重燃。

　　对于绝缘受损的电缆，逐渐增大故障相电缆电压，当电压小于起弧临界值（1 000 V 左右）时，受损处不放电。逐渐增大超过临界值时，在电场的作用下，绝缘开始击穿，如图 6.65 所示。

　　对于绝缘受损的电缆，逐渐降低故障相电缆电压，当电压大于起临界值（1 000 V 左右）时，受损处持续放电。逐渐增大小于临界值时，电弧熄灭，如图 6.66 所示。

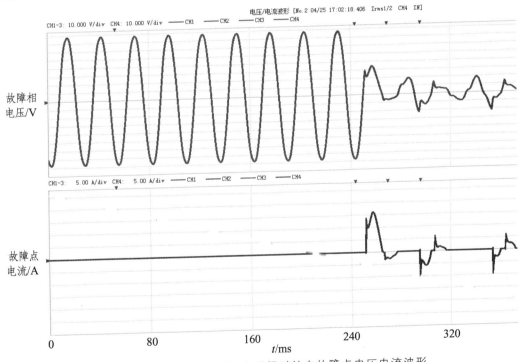

图 6.64　系统正常电缆外力受损时放电故障点电压电流波形

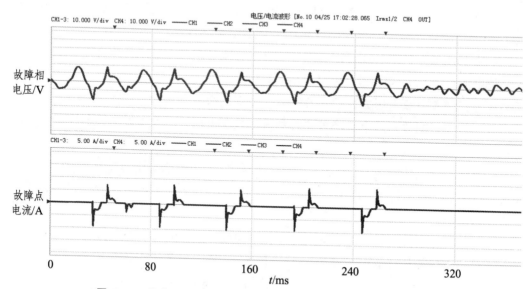

图 6.65　外力受损电缆，逐渐增大故障点电压，电压电流波形

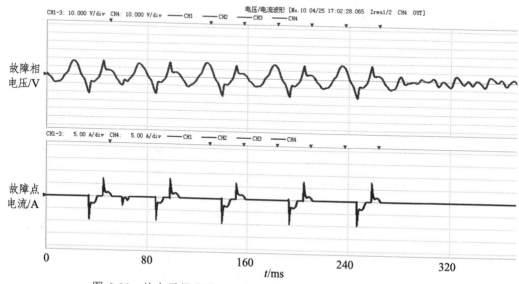

图 6.66　外力受损电缆，逐渐降低故障点电压，电压电流波形

实验验证了在电缆绝缘受损的情况下，存在燃弧电压阈值，在阈值电压以下电弧熄灭，故障电流实现有效消除。因此，线路绝缘故障后安全运行域为燃弧电压阈值以下；并通过将故障相电压回调至燃弧阈值邻域内，减小非故障相绝缘耐压值，达到安全运行的效果。

6.6　电力变压器型电压源补偿成套装置接入 10 kV 真型配电网实验室试运行效果

为进一步验证电力变压器型电压源补偿成套装置灭弧性能，将电力变压器型电压源补偿成套装置样机接入 10 kV 真型配电网实验室短期试运行，并模拟设置接地故障。

短期试运行期间长真 6 线电缆线路 A 相发生弧光接地故障，故障录波如图 6.67 ~ 6.74 所示。电缆放电开始时，由于电弧非线性特性，系统零序电流在故障后一个到两个周波内振荡衰减，A 相电压跌落至 1 kV 左右，非故障线路电压电流抬升；经过 160 ms 故障检测，配电网电力变压器型电压源补偿成套装置启动，在 100 ms 内将故障相 A 相电压降低至约 100 V，故障电弧熄灭，系统零序电流不再呈现出电弧零熄特征，并将故障信号发送至运行人员，保证故障电缆线路事故无扩大化，确保了 10 kV 真型配电网的可靠运行，灭弧效果显著。

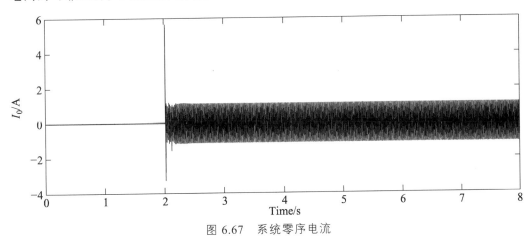

图 6.67　系统零序电流

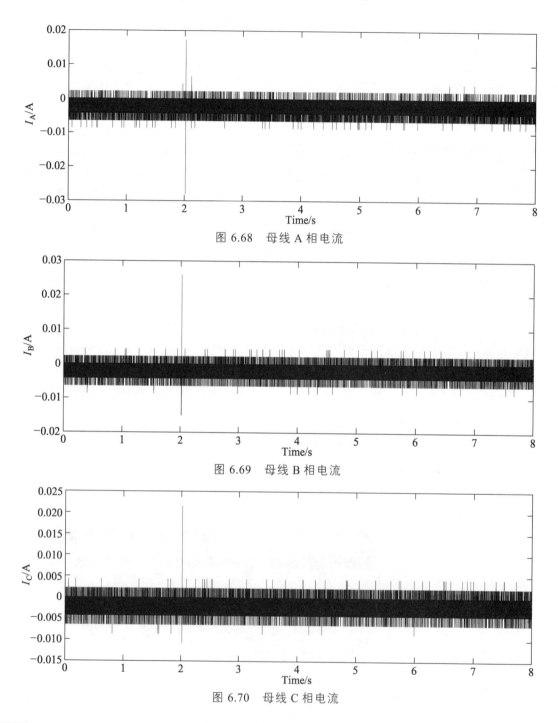

图 6.68　母线 A 相电流

图 6.69　母线 B 相电流

图 6.70　母线 C 相电流

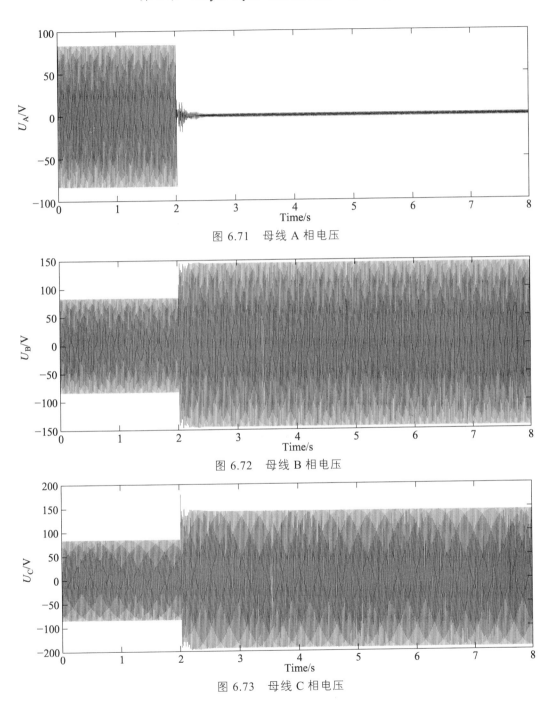

图 6.71　母线 A 相电压

图 6.72　母线 B 相电压

图 6.73　母线 C 相电压

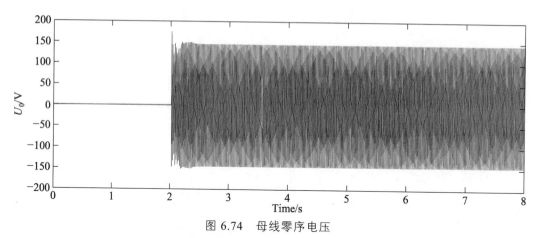

图 6.74　母线零序电压

　　电力变压器型电压源补偿成套装置灭弧性能现场实验测试与试运行结果表明，ZNy11-Dyn7 电力变压器型电压源补偿成套装置能够实现不同接地故障类型、复杂工况下故障电弧的有效可靠熄灭，并可等效任意接地方式，且在选相实现条件下，零序电流、故障电流较小，不会对系统造成大的冲击，测试实验充分验证了电力变压器型电压源补偿技术及装置灭弧性能的有效性及可行性。

参考文献

[1] 刘振亚.全球能源互联网跨国跨洲互联研究及展望[J].中国电机工程学报,2016,36（19）:5103-5110+5391.

[2] A Heidari, V G Agelidis, J Pou, et al. Reliability Worth Analysis of Distribution Systems Using Cascade Correlation Neural Networks[J]. IEEE Transactions on Power Systems, 2018, 33(01): 412-420.

[3] Wang W, Zeng X, Yan L, et al. Principle and Control Design of Active Ground-Fault Arc Suppression Device for Full Compensation of Ground Current[J]. IEEE Transactions on Industrial Electronics, 2017: 1-1.

[4] 李闰先.中压电网系统接地实用技术[M].北京:中国电力出版社,2002.

[5] 方万良,李建华,王建学.电力系统暂态分析[M].中国电力出版社,2017.7.

[6] B Liu, H Ma, H Xu, et al. Single-phase-to-ground fault detection with distributed parameters analysis in non-direct grounded systems[J]. CSEE Journal of Power and Energy Systems, 2019, 5(01): 139-147.

[7] 刘宝稳,马宏忠,沈培锋,等.新型接地故障基波电流全补偿柔性控制系统[J].中国电机工程学报,2016,36（9）:2322-2330.

[8] 曾祥君,尹项根,于永源,等.基于注入变频信号法的经消弧线圈接地系统控制与保护新方法[J].中国电机工程学报,2000,20（1）:30-33,37.

[9] 刘鹏辉.基于信号特征辨识的配电网馈线保护方法研究[D].湖南大学,2019.

[10] 四川凉山西昌"3·30"森林火灾事件调查结果公布[J].消防界（电子版）,2021,7（02）:27.

[11] 艾绍贵,李秀广,黎炜,等.配电网快速开关型消除弧光接地故障技术研究[J].高压电器,2017,53（3）:178-184.

[12]   Wang Wen, Lingjie Yan, Xiangjun Zeng, et al. Principle and design of a single-phase inverter-based grounding system for neutral-to-ground voltage compensation in distribution networks[J], IEEE Transactions On Industrial Electronics, 2017.2, 64(2): 1204~1213.

[13]   X Zeng, K Yu, Y Wang, et al. A novel single phase grounding fault protection scheme without threshold setting for neutral ineffectively earthed power systems[J]. CSEE Journal of Power and Energy Systems, 2016, 2(03): 73-81.

[14]   苏继锋.配电网中性点接地方式研究[J].电力系统保护与控制，2013，41（08）:141-148.

[15]   薛永端，李娟，徐丙垠. 中性点经消弧线圈接地系统小电流接地故障暂态等值电路及暂态分析[J]. 中国电机工程学报，2015，35（22）：5703-5714.

[16]   刘健，田晓卓，李云阁，张志华，权立. 主动转移型熄弧装置长馈线重载应用问题分析[J].电网技术，2019，43（03）：1105-1110.

[17]   要焕年，曹梅月.电力系统谐振接地[M].北京:中国电力出版社，2009.

[18]   B Chen, N Yu, B Chen, et al. Fault Location for Underground Cables in Ungrounded MV Distribution Networks Based on ZSC Signal Injection[J]. IEEE Transactions on Power Delivery, 2021, 36(05): 2965-2977.

[19]   任伟，薛永端，杨帆，等.中性点不接地配电网电弧接地故障建模与分析[J].电网技术，2021，45（02）：705-712.

[20]   J Gao, M Guo and D Y Chen. Fault line detection using waveform fusion and one-dimensional convolutional neural network in resonant grounding distribution systems[J]. CSEE Journal of Power and Energy Systems, 2021, 7(02): 250-260.

[21]   M F Guo, X D Zeng, D Y Chen, et al. Deep-Learning-Based Earth Fault Detection Using Continuous Wavelet Transform and Convolutional Neural Network in Resonant Grounding Distribution Systems[J]. IEEE Sensors Journal, 2018, 18(03): 1291-1300.

[22]   卫晓辉，邵文权，程远，等. 配电网单相接地故障有源消弧技术综述[J]. 电力工程技术，2020，39（06）：58-65.

[23] IEEE Recommended Practice for System Grounding of Industrial and Commercial Power Systems, IEEE Standard 3003. 1-2019, Aug. 2019.

[24] C Huang, T Tang, Y Jiang, L Hua and C Hong, "Faulty feeder detection by adjusting the compensation degree of arc-suppression coil for distribution network," in IET Generation, Transmission & Distribution, vol. 12, no. 4, pp. 807-814, 2 27 2018.

[25] 刘艳敏，邰能灵，林韩.电力线路高阻接地保护的研究现状.中国高等学校电力系统及其自动化专业第二十四届学术年会论文集.北京，2008，1030-1033.

[26] 许庆强，许扬，周栋骧，等．小电阻接地配电网线路保护单相高阻接地分析.电力系统自动化，2010，34（9）：91-94.

[27] 赵慧梅，张保会，段建东，等.一种自适应捕捉特征频带的配电网单相接地故障选线新方案.中国电机工程学报，2006，26（2）:41-46.

[28] Sarwagya K, De S, Nayak P K. High-impedance fault detection in electrical power distribution systems using moving sum approach. IET Science, Measurement & Technology, 2018, 12(1): 1-8.

[29] 杨以涵，齐郑.中压配电网单相接地故障选线及定位技术[M].北京:中国电力出版社，2014.

[30] P Wang, B Chen, C Tian, et al. A Novel Neutral Electromagnetic Hybrid Flexible Grounding Method in Distribution Networks[J]. IEEE Transactions on Power Delivery, 2017, 32(03): 1350-1358.

[31] A Nikander, P Järventausta. Identification of High-Impedance Earth Faults in Neutral Isolated or Compensated MV Networks[J]. IEEE Transactions on Power Delivery, 2017, 32(03): 1187-1195.

[32] 胡文广.中低压配电网新型中性点接地方式研究[D].华东交通大学，2019.DOI:10.27147/d.cnki.ghdju.2019.000372.

[33] 高成友，姚京生.配电网中性点接地方式选择和系统改造[J].农村电气化，2015（04）：23-25.DOI:10.13882/j.cnki.ncdqh.2015.04.008.

[34] 高成友，崔浩，李根.北京大兴新城地区 10 kV 配电网中性点接地方式的选择和

系统改造方法研究[J].中国新通信，2015，17（24）:115-117.

[35] 任明辉,胡建利,陈建军. 配电网自适应接地系统与保护配置研究[J].高压电器，2018，54（08）：193-198. DOI:10.13296/j.1001-1609.hva.2018.08.030.

[36] 刘渝根，王建南，米宏伟，等. 10 kV 配电网中性点接地方式的优化研究[J].高电压技术，2015，41（10）：3355-3362.

[37] 陈锐，陈朵红，张健，等. 配电网柔性接地装置电压控制方法研究[J]. 电力科学与技术学报，2018，33（02）：3-10.

[38] Ahfock R B.Minimising the risk of cross-country faults in systems usuppression coils [J].IET Gener Transm Distrib.2011, 5(7):703-711.

[39] Paul D, Sutherland P E, Panetta S A R. A novel method of measuring inherelsystem charging current[J]. IEEE Transactions on Industry Applications. 20112330-2342.

[40] 曲轶龙.全补偿消弧线圈及其控制方法的研究[D].华北电力大学（北京），2008.

[41] 中国人民共和国国家发展和改革委员会. DL/T1057-2007 自动跟踪补偿消弧线圈成套装置技术条件[S]. 中国电力出版社，2007.

[42] 李景禄，林玉怀，陈忠仁，刘春生，吴维宁，胡毅. ZXB 系列自动跟踪补偿消弧装置[J].电网技术，1998（02）：79-81.

[43] 江秀臣，李锋，傅正财，李福寿.调匝式消弧线圈自动调谐装置[J].高压电器，1997（01）:53-56.

[44] 蔡旭，刘杰.偏磁式消弧线圈的动态调谐装置[J]. 电力系统自动化，2002（15）：53-56+69.

[45] 徐玉琴，陈志业，李鹏. 晶闸管投切电容式消弧线圈的设计与应用研究[J]. 电力系统自动化，2001（13）：38-41.

[46] 杨廷胜,苗厚利,李志军.基于电力电子开关的快速调匝式消弧线圈研究[J]. 电测与仪表，2021，58（5）：62-69.

[47] 庞清乐，孙同景，穆健，等. 气隙调感式消弧线圈控制系统的设计[J]. 高电压技术，2006，32（4）：5-10.

[48] 谢菁，薛永端，徐丙垠. 小电流接地系统不对称电压有源补偿控制方法[J].电力系统自动化，2015，39（5）：115-121.

[49] 郭谋发，游建章，林先辉，等. 适应线路参数及负载变化的配电网柔性优化消弧方法[J].电力系统自动化，2017，41（8）：138-145.

[50] 王宇波，Klaus Winter.接地故障中和器全补偿技术及应用[J].供用电，2015，（06）：24-29.

[51] 彭沙沙，曾祥君，喻锟，王文，蔡演存. 基于二次注入的配电网接地故障有源电压消弧方法[J].电力系统保护与控制，2018，46（20）：142-149.

[52] 吴斌，陈纲，金云奎，李国. 一种新型的消弧线圈自动跟踪补偿装置[J].电力系统保护与控制，2018，46（19）：151-157.

[53] 徐铭铭，高淑萍，常仲学，等. 基于模型识别的消弧线圈接地系统单相接地选线方法[J]. 电力系统保护与控制，2018，46（2）：73-78.

[54] Ze-Yin Zheng, Mou-Fa Guo, Nien-Che Yang, Tao Jin.Flexible arc-suppression method based on improved distributed commutations modulation for distribution networks,International Journal of Electrical Power & Energy Systems[J], Volume 116, 2020, 105580, ISSN 0142-0615.

[55] Xiangjun Zeng, Y X. Some novel techniques for insulation parameters measurelpetersen-coil control in distribution systems[J]. IEEE Transactions on Electronics. 2010, 57(4): 1445-1451.

[56] J Tian Q C L C.Arc-suppression coil based on transformer with control[J]. Published in IET Electric Power Applications. 2011， 5（8）：644-653.

[57] 张小卫，朱东柏，刘骥.基于 IGBT 新型消弧接地补偿装置仿真的研究[J].哈尔滨理工大学学报，2006（01）:131-134+138.

[58] KLAUS M. Winter. The RCC Ground Fault Neutralizer-A Novel Scheme for Fast Earth-fault Protection[C]. 18th International Conference and Exhibition on Electricity Distribution, CIRED2005, 2005: 32-37.

[59] Janssen M, Kraemer S, Schmidt. R, et al. Residual Current Compensation (RCC) for Resonant Grounded Transmission Systems Using High Performance Voltage Source Inverter. IEEE PES. 2003.

[60] 喻泉，曾祥君，喻锟等. 基于对地参数双端测量及闭环控制的配电网柔性接地

有源消弧方法[J]. 高电压技术，2022，48（03）:1011-1021.DOI:10.13336/j.1003-6520.hve.20210162.

[61] 艾绍贵，李秀广，黎炜，等. 配电网快速开关型消除弧光接地故障技术研究[J]. 高压电器，2017，53（03）：178-184.

[62] 范松海，陈坤燚，肖先勇，等. 配电网单相接地故障残余电流转移消弧方法[J]. 电测与仪表，2019，56（11）：20-25.

[63] 王鹏，张贺军，徐凯，徐铭铭，石访. 主动干预型消弧装置的附加电阻故障选相方法[J].电力工程技术，2020，39（04）：180-186.

[64] 曾祥君，王媛媛，李建，等.基于配电网柔性接地控制的故障消弧与馈线保护新原理[J]. 中国电机工程学报，2012，32（16）：137-143.

[65] 彭沙沙，曾祥君，喻琨，王文，蔡演存. 基于二次注入的配电网接地故障有源电压消弧方法[J].电力系统保护与控制，2018，46（20）：142-149.

[66] 郝玉山，高曙，杨以涵，任建文，周庆捷，王新年.MLN 系列小电流接地微机选线装置动作原理[J]. 电力情报，1994（02）:7-11.

[67] 刘兴艳，董洋洋. 基于五次谐波电流变化特征的单相接地故障选线方法[J]. 电子质量，2010（03）：35-37.

[68] 牟龙华. 零序电流有功分量方向接地选线保护原理[J]. 电网技术，1999（09）：60-62.

[69] 张慧芬，潘贞存，田质广，桑在中. 一种中低压配电网单相接地故障选线新方法[J].电网技术，2005（03）：76-80.

[70] 曾祥君，尹项根，张哲，陈德树，文明浩. 零序导纳法馈线接地保护的研究[J].中国电机工程学报，2001（04）：6-11.

[71] 徐丙垠，薛永端，李天友，咸日常. 小电流接地故障选线技术综述[J]. 电力设备，2005（04）：1-7.

[72] 薛永端，冯祖仁，徐丙垠，陈羽，李京. 基于暂态零序电流比较的小电流接地选线研究[J].电力系统自动化，2003（09）：48-53.

[73] Seshadrinath J, Singh B, Panigrahi B K. Incipient interturn fault diagnosis in induction machines using an analytic wavelet-based optimized Bayesian

inference[J]. IEEE Transactions on Neural Networks & Learning Systems, 2014, 25(5): 990.

[74]   Borghetti A, Bosetti M, Nucci C A, et al. Integrated Use of Time-Frequency Wavelet Decompositions for Fault Location in Distribution Networks: Theory and Experimental Validation[J]. IEEE Transactions on Power Delivery, 2010, 25(4): 3139-3146.

[75]   Xinhui Zhang, Bingyin Xu and Kun Zhang, Validity analysis of prony algorithm on faulty feeder selection in distribution grids, CICED 2010 Proceedings, 2010, pp. 1-6.

[76]   Hua Ouyang, Jialin Wang. Power system transient signal analysis based on Prony algorithm and neural network, IEEE PES Innovative Smart Grid Technologies, 2012, pp. 1-4.

[77]   王耀南，霍百林.基于小波包的小电流接地系统故障选线的新判据[J].中国电机工程学报，2004，24（6）:54-58.

后 记

　　配电网单相接地故障可靠消弧是长期困扰国内外学者的世界性难题。针对配电网接地故障消弧问题，国内外学者做过许多成功的尝试，但随着配电网的改造升级，线路电缆化率规模不断扩大，系统电容电流、故障电流均显著增加，对配电网供电可靠性也有了更高的要求，现有消弧技术难以在满足现在配电网发展需求，实现可靠消弧，易引发弧光过电压、电气火灾及大面积停电等事故，严重威胁配电网运行及人身设备安全。为此，全书针对现有配电网单相接地故障消弧技术存在的缺陷与弊端进行了全面分析，得出以下成果：

　　（1）提出了 ZNy11-Dyn7 电力变压器型电压源补偿方法，研究了基于 ZNy11-Dyn7 电力变压器型的零序电压调控方法以及故障相电压调节算法。通过 ZNy11 接地变压器用于引出系统中性点，调节 Dyn6 变压器二次侧分接开关，引出任意与母线相电压相反相位的电压，将该电压并到 ZNy11 型接地变压器引出的中性点上，可以使任意相电压为 0，即可以在配电网发生单相接地故障时，主动将故障相电压变为 0，消除故障电弧，实现故障电流全补偿。该方法通过电力变压器型实现，并直接从配电网取源，无需设置独立电源，且可有效兼容配电网现有接地方式、运行可靠性高、造价较低，可广泛应用于配电系统。

　　（2）分析了接地故障绝缘击穿电压，得出了交流电弧能否重燃的关键在于弧道间隙介质强度恢复速度与弧道两端电压恢复速度的竞争这一结论，并通过对电压消弧条件下故障相恢复电压特性进行分析，得到了注入电流幅值与相位对故障相恢复电压的影响；提出了基于零序电压调控的选相选线方法，利用中性点电压调控前后，系统馈线的零序电流完成故障选相函数的相角值计算，故障选相函数值较小者所对应的相别即为故障相。通过分析零序电压调控前后各馈线零序电流的相角特征，根据健全线路与故障线路零序电流前后相角差值的绝对值存在明显区别选取故障线路。该方法将配电网接地故障选相、选线两种方法有效地结合在一起，且此反向调控过程操作简单，在工程应用上具有较强的经济性。

（3）设计了 ZNy11-Dyn7 电力变压器型电压源补偿成套系统拓扑结构。详细描述了 ZNy11-Dyn7 电力变压器型电压源补偿成套装置的工作原理、技术参数、定值整定、各保护框图和装置操作步骤等，并介绍了成套系统装置各项参数定值及整定说明；最后设计并确定了成套系统容量、漏抗及直流电阻等关键参数。该装置可以替代自动调谐消弧线圈等中性点接地产品，解决配电网接地故障零序过电压抑制、消弧和保护难题，保证电力系统安全可靠运行。该产品可广泛应用于电力、化工、石油、石化、煤矿、冶金等行业的供配电系统，具有广阔应用前景。

（4）提出了基于 ZNy11-Dyn7 电力变压器型电压源补偿的配电网接地故障处置方案，将故障选线选相和降压消弧进行结合，提出了配电网单相接地故障处理的完整方案，可做到瞬时性故障安全消弧，永久性故障快速切除，不停电消除单相接地故障。可大幅缩短因单相接地故障造成的停电检修时间，有效提升电网可靠性。整套方案只需安装 ZNy11-Dyn7 电力变压器型电压源补偿成套装置和零序量互感器，无需额外架设故障选线选相设备，成本较低易于推广，有效降低电网运维成本。

（5）开展了 ZNy11-Dyn7 电力变压器型电压源补偿成套装置样机全方面、多工况的灭弧性能测试验证与试运行。装置性能测试与试运行结果表明，ZNy11-Dyn7 电力变压器型电压源补偿成套装置能够实现各种接地故障类型、各种复杂工况下故障电弧的有效可靠熄灭，从根本上阻止了电弧重燃，并可等效任意接地方式，且在选相实现条件下，能够保持相对较小的零序电流、故障电流，不会对系统造成大的冲击，充分验证了 ZNy11-Dyn7 电力变压器型电压源补偿技术和成套装置灭弧性能的有效性及可行性。

本书提出了 ZNy11-Dyn7 电力变压器型电压源主动自适应灭弧和保护技术，研制了对应的 ZNy11-Dyn7 电力变压器型电压源成套装置样机，仿真与真型测试结果表明效果良好，但于研究条件有限以及能力的不足，本书完结之时仍存在如下可继续深入研究的问题：

（1）本书所提 ZNy11-Dyn7 电力变压器型电压源主动自适应灭弧和保护技术在绝大多数情况下能够取得较好的灭弧效果，但是在低阻故障时，灭弧效果易受线路阻抗压降及负荷电流的影响。因此，有必要考虑线路阻抗及负荷电流的影响，以对该灭弧技术进行改进完善；

（2）随着分布式电源的大力发展，接地故障的复杂程度进一步增加，而本书所提 ZNy11-Dyn7 电力变压器型电压源主动自适应灭弧和保护技术现均基于传统配电网拓扑，未考虑分布式电源接入对单相接地故障特征及 ZNy11-Dyn7 电力变压器型电压源灭弧效果的影响。因此，随着新型电力系统的转型加快，研究考虑分布式电源接入的 ZNy11-Dyn7 电力变压器型电压源主动自适应灭弧和保护技术具有重要意义；

（3）现在配电网自动化、智能化程度不断提升，但目前国内外尚缺乏有效兼容多类型配电自动化终端设备并实现小电流接地系统单相接地故障处置的成熟方案。因此，挖掘各类配电自动化终端潜力，结合先进技术和方法开展单相高阻接地故障处置研究同样具有十分重要的理论研究价值和实际应用价值。